インプレスR&D ［NextPublishing］

New Thinking and New Ways
E-Book / Print Book

ニュースメディア進化論

情報過多時代の学びに向けて

THEORY OF NEWSMEDIA EVOLUTION

校條諭 著

明治の新聞からネットニュースまで、その歴史から近未来を展望する。

impress R&D
An Impress Group Company

はじめに

明治維新以来、近代化を推し進めてきた日本社会は、途中の敗戦に次いで、いま大きな変革期のただ中にある。それらの変革期と表裏一体でメディア革命が位置づけられる。明治初期には新聞というニューメディアが登場してマスメディアの時代が始まった。戦後は、テレビが主役に躍り出て、新聞と共にマスメディアの黄金時代が続いた。そして、インターネットというデジタルネットワークが現れると、誰でも発信できる総表現時代の幕が開いた。マスメディア一強の時代の終わりである。そのような歴史的な変化の過程を概観するというのは、筆者にとってやや無謀ながらエキサイティングな取り組みだった。それを踏まえて、新聞を含むニュースメディアの近未来について考察し、あわせて、私たち自身がそれらメディアとどう向き合っていったらよいかを考えてみたい。

なおメディアとの向き合い方、特に「学び」の源泉としてメディアをどう位置づけるかについて、筆者の問題提起を第1章として先に置いた。それが読者自身の問題意識を触発することになった上で、あとの章を読んでいただけるということになれば幸いである。

校條 諭

はじめに　2

1章　ニュースメディアの活用　学びの再編のために　13

1節　落ち着きと集中を取り戻すには　14

情報洪水下、「小島」を作る

ニュースをみるとバカになる?!

2節　主体的に情報を選び、学んでいく　19

やっぱり新聞、でも速報は見ない

主読〝紙〟を持とう

新聞はポータルサイト、記事から外へ

組み替え、編集、学び

立ち止まれるメディアを

総表現社会に求められるメディアリテラシー

2章　マスメディアは永遠か　31

1節　未完の日本版〝コーヒーハウス〟　32
明治維新をまたいだマルチタレント仮名垣魯文が開いた〝カフェ〟
マスメディアを生んだコーヒーハウス
民活で活発になった明治の新聞縦覧所
記者、読者、投書家の三位一体のコミュニケーション

2節　新聞の成長、そしてラジオの時代　43
明治のニューメディア、初の日刊新聞は経済紙だった
〝政府御用達〟東京日日登場
元祖大衆新聞の読売創刊
知識層向けと大衆向けの折衷〝中新聞〟の発達
明治、大正の〝ワイドショー〟と錦絵新聞
独立守るため広告に力を入れた時事新報

ラジオが登場、戦争報道で活性化

3節　マスメディアの黄金期、テレビと新聞の時代　61

ラジオ全盛

テレビの急速な普及

リビングルームに家族が集まってテレビを鑑賞した時代

世帯メディア全盛、ラジオは個人メディア

デモンストレーション効果

朝毎読の三大紙から読朝二大紙の時代へ

テレビ広告の拡大

4節　インターネットの登場　73

総表現社会、誰でも発信・表現ができる時代

部室貸し型ネットコミュニティ、そしてテーマ型

人を軸にしたＳＮＳ

新聞の低落、マスメディア一強の終わり
デジタルはコンテンツをバラバラに浮遊させる

3章　メディア戦国時代　新興メディアが覇権を握るのか 85

1節　新聞の電子版、積極派と消極派 86
日経電子版が有料会員獲得先行
宅配と大部数の成功が新聞の変身の足かせに
読者と直接つながってこなかった新聞

2節　無料キュレーションメディアが多数参入 93
ニュースは継続的にアクセスをかせぐコンテンツ
新聞社あっての新興ニュースメディア
どのニュースメディアを選ぶか
ネットのニュースメディアは新聞の代わりになるのか

ネットニュースのパイオニア、ヤフーニュース
影響力絶大、ヤフーニュースのトップ8項目
アクセス数だけでなく公共性でも記事選択
LINEニュースもバランス志向
クーポンチャンネルで集客、自動記事選択のスマートニュース
良質のコメント、ニューズピックス
オリジナル記事で有料会員獲得
現代の時事新報？　メディアイノベーションをめざす

3節　マスメディアとソーシャルメディアの拮抗と連動

「新聞」は死語になる?!
総オピニオン現象、ニュース記事を読者が拡散
明治初期の三位一体コミュニケーションの再現
どこで火がつくかわからない山火事現象

最大のフェイクニュース、マスメディアによる戦争報道
裏付けを取ると言うけれど・・・
AIに取って代わられる?
ソーシャルメディアという批判勢力の登場
マスメディア一強の終わり、ソーシャルメディアと拮抗
個人の発信がマスメディアに逆流
ミドルメディアが媒介

4章　ニュースメディアの近未来　127

1節　ジャーナリズムの担い手としてのニュースメディア　128
これからのニュースメディアはどう発展していくのか
新聞の役割は続くのか
現場を歩いて迫力ある記事を書く
調査報道はどこが担っていくのか

独立小メディア、ワセダクロニクルの調査報道への挑戦

2節　ニュースメディアは言論の広場になりうるか？ 139

対話の広場としてのコメントコミュニティ
対話でつながる取り組み、コンテンツビジネスからの脱却を
記者同士の議論は難しいのか
落ち着いた対話の広場を
世論の解析にＡＩ活用
コレクティブ・ジャーナリズムの可能性

3節　新聞電子版（デジタル版）のこれから 149

一般紙の電子版は成功するか
アルバムとプレイリスト
ファンづくりとブランド確立、個人を前面に
見せ方の工夫

魅力を生む編集の力
巨大ニュースサイトのツアーガイドを
ニューヨークタイムズ有料会員獲得に邁進
新聞の「面文化」の価値
紙面ビューアーが新聞電子版の定番に
大画面の時代が来る?!　VRが新聞を救うか
大きなディスプレイのマルチメディア新聞構想
スマホは最終形ではない
ニュースアース（NewsEarth）
パーソナライズはどこまで進むか、オンデマンドのパラドックス
意識の階層──意見、態度、価値観
学習ノートの編集支援サービスを
4節　地方紙、地域紙はどうなる？ 177

参考文献　181
あとがき　186

1章　ニュースメディアの活用　学びの再編のために

1節　落ち着きと集中を取り戻すには

私たちはかつてない桁違いの量の情報に囲まれている。情報の大海原の上に浮かぶ小舟のようだ。そこにはたくさんの島があって、そのどこに立ち寄れるかは偶然にすぎない。「考えても仕方がないほど知識や力関係が非対称的なとき、ひとは考えないことを選ぶ」とメディア論の石田英敬さんは言う（石田英敬「今を読み解く」、日経新聞、２０１８年６月９日）。過剰はゼロに等しいと言ってもいいほど、情報に無感覚になってしまう。

スマホをかたときも離さず、ＬＩＮＥで学校の友達と常時やり取りをして、反応の早さとノリが暗黙のうちに求められる。何かひとつのことに集中したくてもできない散漫な環境の中にいるとも言える。

情報を運ぶメディアも戦国の世のように競っている。このような情報とメディアの氾濫の中で、いかに自分の考えを確立していくかが今問われている。どうやって落ち着きと集中を取り戻すか。

これが大きなテーマである。

情報洪水下、「小島」を作る

「新聞」は「情報を減らすメディア」として登場した。19世紀のフィルターだ」とメディアの歴史に造詣の深い服部桂さんが筆者に語ったことがある（2017年12月14日、HOLOS2050会場にて）。明治の開国より以前の人々を取り巻いていたのは、身の回りの話や世間話という情報環境だったのが、社会体制の変化が進行し、外国からの情報も一挙に流入して、国レベルの情報環境に取り囲まれるようになった。そのような近代化に伴う情報爆発のもと、消費できる量に情報をスクリーニングするニューメディアとして新聞が登場したのである。

しかし、数ページのペラペラだった新聞も、その後増ページを重ね、雑誌、ラジオ、テレビとともに、スクリーニングというよりは、大量情報の供給という役割が強まった。そして今、スマホなどを通じて見るデジタルメディアは、消費できるキャパにおかまいなく、さらに桁違いな量の情報を供給している。

ハーバート・サイモンという人が次のように言っている。「情報は受け手の注意力を消費する。情報のサプライヤーにとって、受け手の注意力は奪い合うべき資源である。彼らは競って、その受け手の注意力に向けて情報を発信する」と（『意思決定と合理性』、ちくま学芸文庫、２０１６年刊）。速報を競っているニュースメディアにいちいちつき合うことはないし、振り回されるのはばからしい。しかし、若き論客千葉雅也さんは言う。「接続過剰なデジタルツールを使うのをやめて孤独になれ、というのは無理です。接続過剰状態がもたらすメリットはあまりに大きい。だから、そのなかに「小島」を作るしかない」（千葉雅也『メイキング・オブ・勉強の哲学』、文藝春秋、２０１８年刊）千葉さんは、ＳＮＳを否定せず、むしろ情報収集のためにＳＮＳは必須だと言っている。ニュースメディアについても同様の意味で考えていいだろう。

その代わり、そこから自分を切断する別の場所が必要であり、ノートやスクラップブックの役割を果たすアプリなどを使って、思考の「小島」を作れと提案している。アプリ（ソフト）の例として、メモアプリのエバーノートやアウトライン思考ツールのワークフローウィーを紹介しており、また、ネットから遮断されているという意味で、紙のノートも評価している。

「小島」をつくる発想はたいへん有効だと思う。千葉さんの著書からもうひとつ引用しておこう。「「書きながら考える」ようにすればよい。・・・普段から、書くことを思考のプロセスに組み込む。アイデアを出すために書く。アイデアができてから書くのではない。」（千葉雅也『勉強の哲学』、文藝春秋、２０１７年刊）

ニュースをみるとバカになる?!

東大の五神真総長は、２０１６年の入学式のあいさつで、新入生に向かって「皆さんは毎日、新聞を読みますか？　新聞よりもインターネットやテレビでニュースに触れることが多いのではないでしょうか。ヘッドラインだけでなく、記事の本文もきちんと読む習慣を身に着けるべきです」と述べた。若者の新聞離れが言われて久しいことから、当時、これを、東大総長が新聞を読めと薦めたように受け取った向きがあった。しかし、実際には、新聞を読めではなく、新聞見出しのような断片的な情報を追わず、それぞれのテーマの文脈や構造を読み取ろうということを言いたかったのだと思う。

一方、筆者の友人に新聞をやめたという人がいる。知的関心の薄い人ではない。大企業の社員研修の仕事をしている彼が個人メルマガで「テレビと新聞をやめました。情報デトックスです。とっても気持ちがいいです」と先日〝宣言〟していた。最低限のニュースはラジオで聞いているとのことである。たいへんな読書家の彼は、日々刻々と刹那的、断片的な情報が押し寄せてくる情報環境を遮断して、自然や動物に触れる落ち着いた生活をめざしていると言うのだ。

筆者もときどき、もう新聞やニュースアプリなんか見るのをやめてしまおうかと思うことがある。

特にそういう気持ちが生じるのは、本のあふれる書棚を眺めたときである。多数のツンドク（積ん読）本を見ると、このあとの人生でいったいどれだけ読めるだろうかなどと考えてしまうのだ。

そんなときにふと思い出すのが『ニュースを見るとバカになる10の理由』（ジョン・サマービル著、PHP研究所、2001年刊）という本である。1999年に書かれ、日本で翻訳が出たのが2001年だった。「マスコミが製品として売り出しているのは「変化」であって「英知」ではない」とこの著者は言う。確かに、殺人事件の発覚当初のニュースのような「途中経過情報」は、あとから読み直してみればわかるように、その日の目新しい変化ではあるが、いたって不完全であり断片的な情報である。ときにはまったく事実と異なっていることさえある。事件を形成している要因や構造が明らかにされ、すべてが解決して書かれるのはかなりあとになってからのことが多い。多くの事件はそこまでフォローされることもない。

ニュースの大半は途中経過であると言ってもいいくらいだ。スマホで刻々送られてくる第一報とか速報は特にそうである。世の中で、リアルタイムですぐに知らなければならないニュースはほんの少ししかない。速報にいちいちつき合うのは時間の無駄だし、意識が散漫になる。

2節　主体的に情報を選び、学んでいく

やっぱり新聞、でも速報は見ない

では、ニュースなんか見ないほうがいいのか?

2016年に、新聞を持ち上げる本が3冊出た。ひとつは齋藤孝さんの『新聞力』(ちくまプリマーブックス)。もうひとつは外山滋比古さんの『新聞大学』(扶桑社)である。さらに、池上彰さんと佐藤優さんの共著で、新聞以外も視野に入れた『僕らが毎日やっている最強の読み方』(東洋経済)も同じ年に出た。若年層だけでなく、幅広い年齢層で新聞離れが進んでいるような時流に逆らって、あえて新聞を推奨する〝時代錯誤〟な本を出す姿勢に共感を覚えた。外山さんは「中高年の学習には新聞がもっとも具体的、かつ、簡便である。それを新聞大学と呼んでも少しもおかしくない。・・・新聞大学は、ものごとを考える習慣をつくってくれる」と言い、齋藤さんは「これさえ読めば世の中のひと通りのことがわかるようになっています」と新聞を推奨している。池上さんは「世の中全体の動き全体を、短時間でざっと俯瞰できる。その「一覧性」において新聞に優るものはない」と断言している。佐藤さんは、世の中を「知る」には「新聞」、世の中を「わかる」には

「本」だという言い方で新聞の位置づけを説明している。

筆者の、新聞やネットのニュースの読み方の方針は、第一報や途中経過的なニュースは読まない、というものである。新聞をやめる気はないが、速報的な記事（事件や事故について概略的に事実だけを報じるストレートニュース）はせいぜい見出しを見るだけにして、本文は原則として読まないことにしている。つまり途中経過にはつき合いませんよということであり、なるべくまとまった報道や解説、論説などに限って読むというのが基本方針である（というのは実は半分ええかっこしいで、やっぱり興味ある話題だと途中経過情報だろうと不完全情報だろうと、つい読んでしまうのだが・・・）。

新聞の電子版などが、1日のうちの何度も新しいニュースを通知してくるサービスがあるが、これが落ち着かない生活のもとである。そもそもその瞬間に知らねばならないニュースなどそうあるものではない。〝瞬刊〟メディアと距離を置いて、速報依存症にならないようにしたいものだ。

主読〝紙〟を持とう

新聞推奨本の著者らが共通して言っているのが、何紙か同時に読めということである。齋藤さんは自宅で新聞5紙をとっているそうだ。池上彰さんはなんと8紙もとっていて、さらに駅で3紙買うとのこと。私はある時期3紙とっていた。複数の新聞を比較して読むという、その趣旨には賛成だが、月3000円とか4000円する新聞を2紙、3紙も購読するのは一般の人にとっては非現実的だ。図書館に行けば比較して読めるが、毎日図書館に行ける人は限られている。

ひとつの方法は、毎日必ず目を通す主読紙（ネットの場合「紙」という言葉はそぐわないが便宜的に使うこととする）を決めて、あとは無料で読めるニュースメディアを補足的に見るということである。ただし、主読紙には新聞を薦めたい。

紙の新聞でもいい。むしろ、ヘタに電子版で読むと、速報や他の情報に目が行って散漫になる可能性があるのに対して、紙のほうが落ち着いて読めるという人も多いだろう。いずれにせよ、単に行き当たりバッタリでいろいろなものを読むのではなく、一定の編集方針でつくられているメディアパッケージを主軸に置くのがよいだろう。

新聞の電子版はなかなかスグレモノでお勧めである。紙面ビューアーで見る方式だけの場合は、機能が限られているが、パソコンだけでなく、タブレットやスマホでも読めるし、紙よりも早くページをめくれる、紙と同じ見た目で読める、字を大きくして読める、1週間程度のバックナンバーが読める、といった機能が便利である。朝日新聞デジタル（朝デジ）やデジタル毎日（デジ毎）の場合は、東京、大阪などの本社別の紙面や、全国各県の地方版も読める。

また、日経電子版、朝デジ、デジ毎の場合、ウェブの特性をよく生かした機能がいろいろある。

マイニュースなどと呼ぶ機能では、関心のあるテーマの記事や連載、コラムなどをピックアップしておいてくれる。これは連載モノをまとめて読むのに便利だ。たとえば、日経の「やさしい経済学」などは、毎日細切れに読むよりも続けて読むほうが頭に入る。記事検索も役立つ。逆に、紙面でときどき1面全部を使ったような大型の記事が載ると、読むのを躊躇してしまうことがあるが、ウェブだと全体が見えないのが幸いして、かえってスイスイ読める。

日経電子版は、もっとも完成度が高く、構成と操作方法がシンプルで使いやすい。朝デジ、デジ毎も悪くない。紙面そのままを見せているだけの電子版の新聞が多いが、それに比べるとたいへん充実している。

では、新興のニュースメディアを主読紙としてはいけないのか？ もちろん何も見ないよりははるかによいだろう。ヤフーニュースを見ていると、意外にも速報的な記事ばかりではなく、詳報、解説、評論といった長めの記事も混ざっている。しかし、基本的には新興ニュースメディアの多くは速報サイトという雰囲気が濃い。主読紙にするには躊躇するが、新興ニュースメディアを利用して、記事の配信元に着目すると、同じニュースに関する報道のしかたの違いを比べることができる。

ニューズピックスはやや別格と言える。経済ないしビジネスに関心があるが、日経まではいらないという場合はニューズピックスの有料会員になるのもいいだろう（月額税込１５００円、ｉＯＳからの契約なら１４００円）。比較的良質のコメントがついているし、有料会員であれば、オリジナルの特集記事も読める。

新聞はポータルサイト、記事から外へ

紙の新聞でも電子版でもいいのだが、新聞から次はどこに行くか（何を読むか）。あるテーマについて、新聞の記事を読んで、もう少し問題を整理して、言い換えれば問題の構造を把握して、体系的で深い知識を得ようと思ったら何がいいだろうか。基本的には本だが、その中でも多くの人にお勧めなのは新書だ。新書といえば、かつては岩波新書、中公新書、講談社現代新書の御三家くらいだったのが、いまは角川、ちくま、集英社、ＮＨＫ出版、朝日、平凡社、新潮など十指に余るたくさんの新書が出ている。今の新書はタイムリーに、わかりやすい文章で書かれているものが多く、ひところの総合雑誌の特集が独立して、もっと幅広いテーマでその役割を担っているような面がある。

新聞記事から飛び出す先として雑誌もある。ドコモが提供している「ｄマガジン」というサービスはとても便利だ。月額４３２円で２００種以上の雑誌が読み放題である。ただし、雑誌によって、一部の記事しか収録されていないものと大半の記事が入っている場合と差があるので、注意が必要である。

編集長がいて、一定の編集方針でつくられているひとつの雑誌をじっくりと読むというのももち

ろん意味があるが、横断的にたくさんの雑誌を渡り歩いてながめたり、関心を持った記事だけを読んだり、という使い方も決して悪くない。1冊まるごとつき合うほどではないが、ひとつだけ読みたい記事がある、というようなときにはたいへんありがたい。

前出の佐藤さんは「dマガジン」を愛用しているとのことだ。「隙間時間にスマホでネットサーフィンをしているよりも、dマガジンで電子版の雑誌をながめているほうが、インプットの効率がいいし楽しい」と言っている。ネットサーフィンという、今ではあまり聞かない言葉から、佐藤さんがかなり早い時期からインターネットに親しんでいたことがうかがえる。

ただ、dマガジンは雑誌を出す出版社から見てどうなのか。あくまでも紙の雑誌を有料で販売しているという前提の上で成り立っているサービスである。救世主なのか、その逆なのか、少々気になるところだ。

dマガジンの新聞版、すなわち、新聞の電子版がずらっとそろっていて、安い定額で読めるようなサービスは実現しないだろうか。地方紙をそろえたサービスなら比較的作りやすいのではないか。ただし、読者の居住地域の地元紙は外すような工夫が必要かもしれない。

組み替え、編集、学び

テレビで「林先生」と呼ばれて親しまれている林修さんは、小学校2年生の頃（早熟！）、源氏に興味を持つようになり、その系図を作り始めたそうである。新たな情報を仕入れては何度もまとめ直して、とうとう6年生のときに「源氏総覧」として完成させたという。林さんは、ひとつのことに徹底的に打ち込むことが、そのテーマそのものの知識を深めるだけでなく、それによって、他分野の見方もわかってくるという意義を強調している。テレビで披露される多方面にわたる知識のおもとにはそのような軸があるのだと納得させられる。

故梅棹忠夫さんの名著『知的生産の技術』は、いまから約50年前の１９６９年に岩波新書の１冊として初版が出た。現在も大きな書店には置かれていて98刷に達している。具体的な方法論は古くなっていて、そのまま採用する意味はないが、基本的な考え方はまったく古びていない。梅棹さんは、同書の「はじめに」の中で、「知的生産とは、頭を働かせて、何かあたらしいことがら〈情報〉を、ひとにわかるかたちで提出すること」と語っている。

林修さんの「源氏総覧」は、源氏に関する情報を単に消費するのではなく、「何度もまとめ直して」と言っているように、知的生産を行っている。

梅棹さんは、知的生産を行うための方法として紙のカードを用いることを推奨した。それで、「京大型カード」という規格のカードが丸善から販売されて、筆者もずいぶん活用した経験を持つ。気づいたことや、調べたこと、これはと思うことなどをどんどんカードに書いていく。そうしてたまっていくカードの活用にあたって、梅棹さんは「いちばん重要なことは、くみかえ操作である」と語っている。そして、その最大の効用として「一見なんの関係もないようにみえるカードとカードのあいだに、おもいもかけぬ関連が存在することに気がつくのである」と、創造性の源になることを説明している。カードは、蓄積の道具というより創造の道具なのだ、と梅棹さんは位置づけているのである。

前述した、情報の〝小島〟を作るというのは、この自分のカードをためていって、適宜組み替えて、自分なりの新しい解釈やアイデアや企画などを生み出していくということになるだろう。コンピューターや通信ネットワークが発達して、手軽に利用できるようになった現在では、紙のカードではなく、手元のパソコンやクラウド上のデジタルデータとしてデータベース化して、適宜組み替えていくことができるようになった。

この組み替えという概念は、松岡正剛さんなら「編集」というだろう。ニュースなどの情報の大海から、これはというニュースを選んで、自分の〝小島〟に格納し、それを分解したり再編したりして、自分にとっての編集物としてまとめていくことを学習というのではないか。少年時代の林修さんは、源氏の系図についてのさまざまな情報を、自分の〝小島〟の中にためていき、それを編集して「源氏総覧」という編集物としてまとめあげた。これは4章で述べるプレイリストだと言える。〈図表1-2-1〉

立ち止まれるメディアを

対話学習という言葉がある。対話とは梅棹さんが言うカードとカードをつき合わせることではないか。あるテーマについて、ひとりで考えることも有意義だが、他人と対話をしながら考えると、あたかも「カードとカードのあいだに、おもいもかけぬ関連が存在することに気がつく」ように、思わぬ視界が開けたりすることがある、と梅棹さんは指摘する。

ひとりで本を読んだり、ニュースを読んだり見たりすることも、一種の対話と言えなくもない。ただし、テレビのニュースを流れるままに見ているというのは必ずしも対話にはならない。たとえば、いじめのニュースをキャスターが真剣な顔で紹介していても、次の瞬間、にこやかな表情になってサッカーワールドカップのニュースに移ったりする。見ている側は、いじめの問題について多少なりとも考える余裕もないままに、まったく別世界の話題に流されていく。要するに、いじめのニュースも送り手の意図とは別に、ひとつのコンテンツとして消費され消えていく。

図表1-2-1　情報を減らして再構成する

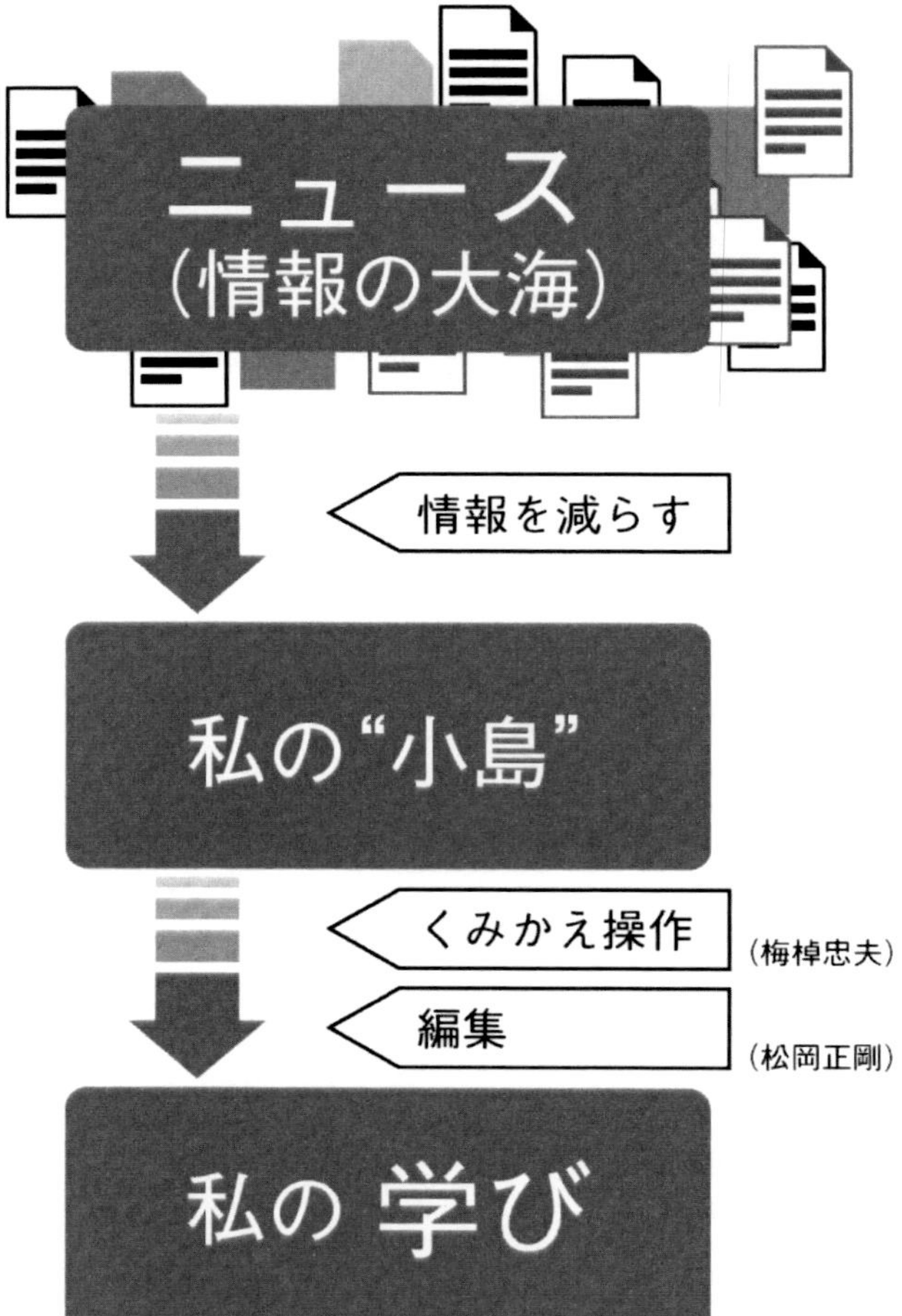

（出所）校條諭作成

つまり、学べるメディアとは、受け手が立ち止まれるメディアだということになる。新聞や本、雑誌は立ち止まれるメディアだし、テレビも録画して見ればそうなる。立ち止まることができれば、そこに対話性が生じて、編集の余地が生まれてくる。それが学びである。

総表現社会に求められるメディアリテラシー

メディアとの接し方に関して「メディアリテラシー」という言葉がある。かつてマスメディアが全盛だったころ、この言葉は、メディアを通じて得られる情報を盲信するのではなく、主体的に内容を読み解くことが必要という、メディアから情報を受ける立場、受信の立場の心構えや能力を意味していた。

ところが、総表現社会になって、一般個人がメディアを通じた発信者になっていくことを考えると、これからのメディアリテラシーには、受信者という立場だけでなく、表現、発信する立場できちんと書き、伝えていく能力を培っていくことが求められる。加藤秀俊さんが「世間話が「せまい世間」からいきなり途方もない「ひろい世間」に拡大するようになった」（加藤秀俊『社会学』中公新書、２０１８年刊）と言うように、かつてなら、喫茶店や居酒屋で気楽に話していたようなことを、軽い気持ちでネットに書いてしまうと、それが思わぬ炎上を招いたりする。

本来、書くこと、特に外に向かって発信していくことは、自分の考えや認識を表現していく行為であり、知の編集となり、学びを深めていくことになる。即応的、刹那的なやりとりでなく、落ち着いた発信と対話がなされていく環境と文化をつくっていきたいものだ。

では、今後つきあっていくニュースメディアは、どうなっていくのか。そのことを考えるために、次章では、近代的新聞が登場した明治の幕開けから昨今のネットニュースに至る歴史をふりかえってみたい。

2章　マスメディアは永遠か

1節　未完の日本版〝コーヒーハウス〟

新しいメディアが登場した明治初期、イギリスのコーヒーハウスを連想させるような、メディア（新聞）を囲む読者コミュニティの萌芽が見られた。今日の、ニュースメディアとソーシャルメディアの関係を先取りしているような現象を紹介することからまず始めてみよう。

明治維新をまたいだマルチタレント仮名垣魯文が開いた〝カフェ〟

仮名垣魯文（かながきろぶん、1829年＝文政12年生）という人はもっと注目されてよいのではなかろうか。戯作者といういわば大衆小説家出身の新聞記者で、ゴシップ記事をたくさん書いた人となれば、メディア史やジャーナリズム史の主流には登場しにくいのかもしれない。しかし、明治維新後のメディア革命の中を生きた魯文の波瀾万丈の生涯は、変動期の日本社会を舞台になかなかエキサイティングである。

現在の銀座7丁目あたりにあった酒販店で奉公をしつつ、山東京伝、十返舎一九、式亭三馬などの戯作本を読みふけったのが、文筆に生きる魯文の原点だった。その後、経済的には厳しい時期が多かったが、戯作者としての地位を徐々に確立していった。

維新後の明治4年に、魯文は『安愚楽鍋《あぐらなべ》』という戯作本で出世作の評価を得た。牛鍋をつつく人の描写を通じて文明開化という時代の空気が伝わってくる。この本は、岩波文庫で今も読むことができる。「牛肉はたいそう美味で、いちど味を知ったら猪や鹿は食えない。わが国も文明開化と言ってひらけてきたから、我々まで食うようになったのは実にありがたいことです。」などと登場人物に語らせている（岩波文庫『安愚楽鍋』から筆者が現代語調に直して引用）。ついでながら、『安愚楽鍋』の中には「ひらける」という言葉が頻繁に出てきて、文明開化をめざす明治初期の時代の雰囲気を感じさせる。

その魯文が、横浜毎日新聞に入社して記者になったのは45歳のときだった。横浜毎日新聞は、旧暦明治3年12月（1871年1月）に、初の日刊新聞として横浜で創刊された新聞である。フィクション作家から報道記者への転身である。記者魯文は、江藤新平の処刑で決着した「佐賀の乱」のルポルタージュを紙面で連載し、それをまとめたものを出版して人気を博した。

しかし、横浜毎日新聞自体は漢文調の堅苦しい文体が基本の新聞だった。魯文が佐賀の乱のルポを出版した明治7年（1874年）、日本初の大衆紙読売新聞が創刊された。読売の記事の文章は口語体で、漢字にはすべてふりがなが振られていた。それに刺激されて、魯文は横浜毎日新聞に在籍のまま、翌明治8年（1875年）、新しい大衆紙「仮名読新聞」を発刊した。

注）読売新聞を筆頭とする大衆紙は「小新聞（こしんぶん）」と呼ばれ、先行した横浜毎日新聞などは漢文調で書かれており「大新聞（おおしんぶん）」と呼ばれた。

魯文が横浜の野毛山に「諸新聞縦覧《しょしんぶんじゅうらん》茶亭《ちゃみせ》窟《くつ》螻《ろ》蟻《ぎ》」という〝カフェ〟を開いたのは、さらにその翌年、明治９年（１８７６年）７月のことである。「お日様とお月様は本牧の岬から出て、野毛の山端に入り、行き交う帆影は、浦賀の浦に帰り・・・」というような眺望のよい場所に開業した（明治９年６月26日の仮名読新聞の記事から現代語調に直して引用）。

カフェでは、一服一銭で客に茶を出して新聞を閲覧させた。現在の電子書籍の「定額読み放題」の元祖のようなものである。仮名読新聞はもちろん、東京日日新聞、郵便報知新聞、横浜毎日新聞、読売新聞などが置かれていた。魯文は、紙の新聞を発行するだけでなく、その読者が集い、読者の顔の見える場、読者と交流のできる場を作ったのである。

ただし、仮に今、魯文のカフェの〝再現ドラマ〟を作ろうとしてもかなりむずかしい。いったいどのような人がどのくらい来たのか、黙って新聞を読んでいたのか、それとも音読したのか、客同士のやりとりはあったのか、など細部の情報がほとんど残っていないからだ。そもそも魯文自身はどのくらい顔を出していたのだろうか。また、今で言うファシリテーターのように客同士の交流を促したり仲介したりすることがあったのだろうか、などについての記録もない。作家から記者へという経歴から想像すると、〝演説〟は得意でも、第三者同士の会話をとりもつのは必ずしも得意ではなかったかもしれないなどと想像したくなるが、早計に決めつけることはできない。

ほかの各地の縦覧所や類似の施設（新聞解話会など）に関する記録を総合すると、客は主として男性であったと思われる。当然ながら、オールふりがな付きの仮名読新聞を中心にいくつかの新聞が置かれていたのだろうが、それでも客層は士族中心なのか、それとも平民もまざっていたのか、など謎が多い（士族の割合は、当時の人口の5％台だった）。

当時、このような新聞縦覧所は全国各地に設けられていた。これらの施設が、一種のたまり場として新聞を囲んで情報や意見を交換する場となっていたかもしれないなどと想像していると連想するのが、イギリスのコーヒーハウスである。

マスメディアを生んだコーヒーハウス

コーヒーハウスというのは、イギリスにおいて、17世紀半ばから100年以上続いたたまり場である。イギリスと言えば紅茶をまず連想するが、コーヒーの時代が先行していた。コーヒーハウスは、最盛期にはロンドンだけで2000軒以上あったと言われている。今日まで残っている絵を見ると、そこに置かれている新聞を読んだり、お互いに意見を交換したりしているさまが見てとれる。いわば、メディアを軸に読者コミュニティが形成されていたのがコーヒーハウスである。ただし、17

世紀半ば頃においては、文字を読める人が半数以下だったということもあり、記事を読める人が音読して聞かせることが普通に行われていたようである。

有名な例としては、「ロイズコーヒーハウス」という、貿易商のたまり場になっていたコーヒーハウスがある。そこからロイズニュースという船舶情報をまとめた新聞が生まれた（1696年）。その後、ロイズは発展して、世界的な船舶保険会社に成長した。また、初の日刊紙デイリークーラント（1702年）や日刊のエッセイペーパー「「スペクテーター」（1711年）がコーヒーハウスの利用者をターゲットに発刊された。このように、コーヒーハウスはジャーナリズムを生み出し、また保険システムと保険会社を生んだ。松岡正剛さんは「コーヒーハウスや茶の湯は、経済と文化をひとつにしたことにめざましい特徴がある。」（松岡正剛『知の編集工学』朝日新聞社、1996年刊）として、マルチメディア時代の「経済文化」を考えるための重要な歴史モデルだと語っている。

コーヒーハウスは、そこに集う人同士が情報を交換する場であり、同時に新聞記者も立ち寄ってニュース源として活用していた。参加していた階層は「財産と教養」のある人たちとされ、身分によるうるさい制限はなかったという。とはいえ、事実上男性に限られていたし、労働者階級が参加できるようになったのは、ずっとあとになってからである。

民活で活発になった明治の新聞縦覧所

日本に話題を戻す。明治新政府は国民教化策として新聞を活用しようとした。日本国の国民という概念がまだ一般には馴染みが薄かった当時、文明開化を進め、富国強兵路線に国民こぞって協力する意識を広めようとしたのだった。いわば上からの開明政策であり、国民教化策だった。「明治の初年ほど読み書き能力の習得が美徳として肯定された時代も稀である。」（前田愛『近代読者の成立』岩波同時代ライブラリー、１９９３年刊）

仮名垣魯文による「諸新聞《しょしんぶん》縦覧《じゅうらん》茶亭《ちゃみせ》」開業より数年さかのぼる、明治維新からまだ日が浅い頃から、全国主要都市に「新聞縦覧所」とか「新聞解話会」と呼ばれる施設が開設されるようになった。新聞解話会では、学校や役場などに住民男女を集め、「神官、僧侶、役人などが、村費で購入した新聞をやさしく読み聞かせる光景は珍しくなかった。」（山本武利『新聞記者の誕生』新曜社、１９９０年刊）

新聞縦覧所は政府の後押しで全国各地に設けられ、創刊間もない横浜毎日新聞や東京日日新聞を政府が買い上げて送り込んだ。住民は自由に立ち寄って無料で新聞を読むことができたが、初期の新聞は漢文調の硬い表現だったため、利用者はごく一部に限られたようだ。〈写真2-1-1〉

写真2-1-1　新聞縦覧所と、新聞の置かれたミルクホール

新聞を読む人　1879年(明治12年)
新聞縦覧所、新聞を有料で読める新商売

新聞を読む人　1901年(明治34年)
ミルクホール、新聞は無料の新商売

のちに、大衆向けの読みやすい新聞が登場してからは、先に紹介した仮名垣魯文の「諸新聞縦覧茶亭」のようにお茶を飲みながら新聞を読める有料の施設も登場した。上野や浅草の盛り場にできた縦覧所はなかなか人気だったようである。（前田愛、前掲書）そのほか、上野の偕楽亭、北海道函館、滋賀県見附駅などの例がいくつかの文献に出てくる。「新聞解話会」という名称で作られた例も各地に見られる（参考文献参照）。

しかし、魯文の「諸新聞縦覧茶亭」のところで述べたように、比較的にぎわった縦覧所について、実際の光景を再現しようとしても、その考証は難航しそうである。当時はまだ、書物を黙読するという習慣はなく、音読する、あるいは他人が語るのを聞くというのが一般的だったから、ひとりひとりが単に黙読して帰るというだけではないことは推定できる。しかし、真の実態は謎である。

いずれにせよ、先に見たイギリスのコーヒーハウスのように、そこから新たなメディアが生まれたり、ビジネスが生まれたりというような経済文化的な波及効果はなかったし、短命に終わったのも確かである。しかし、国を開いて、新しい社会の建設に夢を抱いて、内外の新しい情報を渇望した明治初期の人々にとって、その入口になったのは確かであろう。

記者、読者、投書家の三位一体のコミュニケーション

この時期の新聞では、記者、読者、投書家の三者が三位一体の様相を呈していた。新聞縦覧所はそうした人たちがお互いに顔を合わせることができた場所だった。各紙からは、さきほどの仮名垣魯文のほか、柳河春三、福地源一郎、岸田吟香、成島柳北など著名な人気記者が輩出した。また、明治前期の新聞においては、読者による投書がおおいに奨励され、紙面で大きく扱われていた。当時は、取材力に限りがあって、今風に言えばコンテンツ不足だったので、読者による情報提供や意見の表明が歓迎されたのである。特に熱心な人は投書家と呼ばれており、ときにはその中から選ばれて記者となった人も出た（山本武利『近代日本の新聞読者層』法政大学出版局、1981年刊）。

仮名垣魯文が興した仮名読新聞は、明治11年（1878年）に、横浜から現在の銀座8丁目の煉瓦づくりの社屋に移転した。「そこへ投書家や文人、芸者、商人、茶屋の経営者、待合の女将や幇間まで、さまざまな人が菓子などを持って押しかけては話をしてゆき記者たちはその相手をしながら原稿を書き続けた。」（土屋礼子『近代日本メディア人物誌　創始者・経営者編』ミネルヴァ書房、2009年刊）

新聞というメディアを軸に、記者、読者、投書家三位一体のコミュニケーションが回るこのよう

なさまは、今日のソーシャルメディア全盛の時代を彷彿とさせる。〈図表2-1-1〉

しかし、それは長続きせず、明治のごく初期の数年、線香花火のようなソーシャルメディアの光をつかのま放ったのだった。それ以降は、アメリカでの大衆的商業新聞の発達ともシンクロしつつ、多数の読者に一方向に情報を流す大部数の新聞が次第に成長していった。日本におけるマスメディアのはじまりである。

17～18世紀のイギリスと違って、19世紀後半という当時の日本の場合、欧米においてすでに発達しつつあったマスメディアとしての新聞が手本としてあったことから、急速に新聞が成長し始めた。そのため、ここで紹介したような新聞というメディアを囲む対話型コミュニティの広がりは未完に終わった。その〝続き〟は、インターネットの登場によって、21世紀の課題として模索が続いている。

図表2-1-1　読者・投書家・記者が三位一体のコミュニケーション

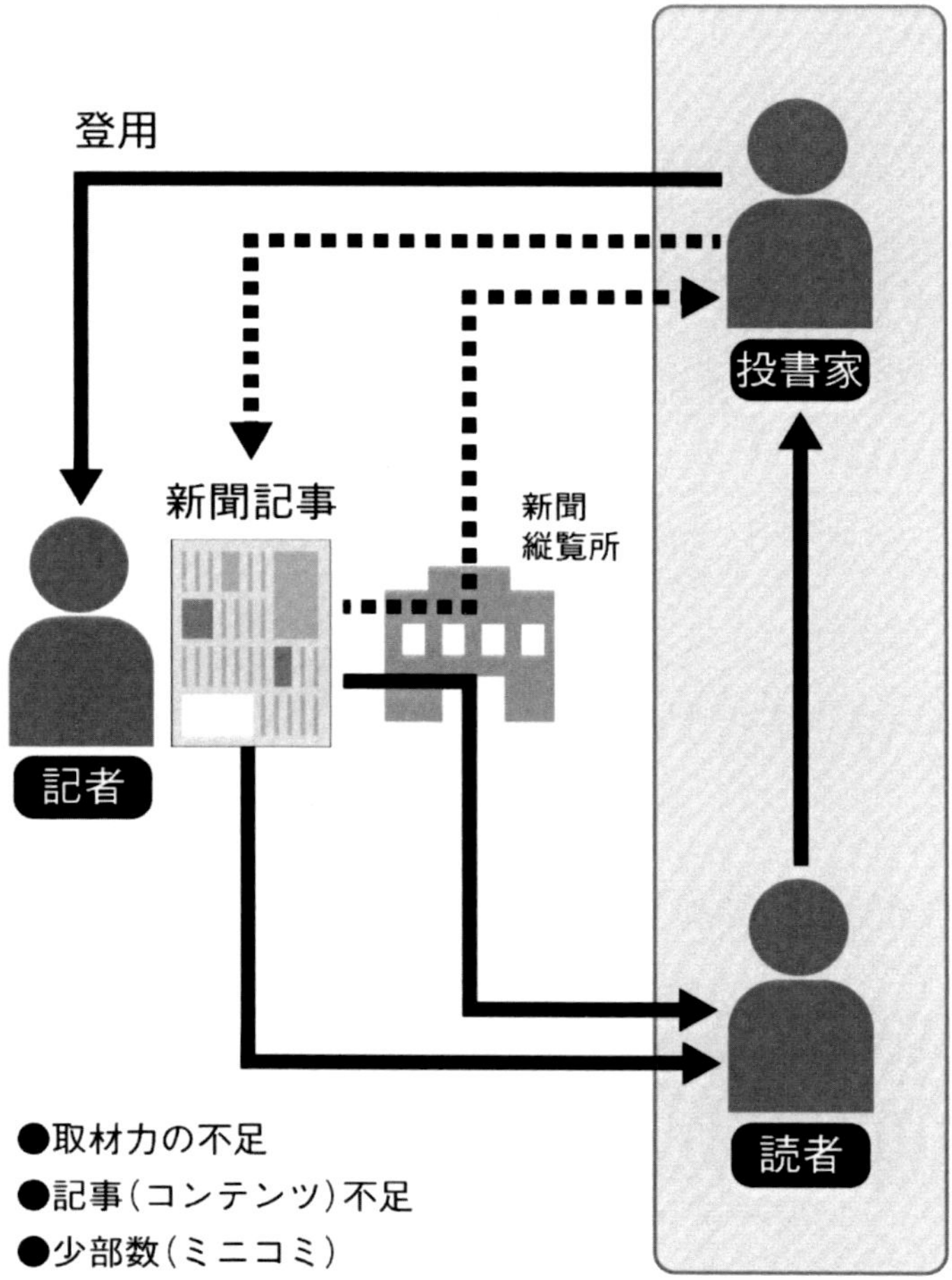

（出所）校條諭作成

2節　新聞の成長、そしてラジオの時代

世界に国を開いて西欧化・近代化を進めていた明治前期は、新聞というニューメディアが多数創刊され、興亡が繰り返された。新聞を成長産業と見込んだ起業家や、政治的意図や社会的使命感を抱いた人々などが担い手だった。彼らの足跡をたどるとその情熱が伝わってくるようである。

明治のニューメディア、初の日刊新聞は経済紙だった

およそ150年前の明治維新以後、日本は、それまでと打って変わって欧米の文明を積極的に取り入れていく。明治政府が1871年（明治4年）12月（旧暦11月）を手始めに、岩倉具視を団長とする大がかりな遣欧使節団を派遣したのはその表れである。

それより少しさかのぼる1871年の1月（旧暦では明治3年12月）に、日本初の近代的日刊新聞横浜毎日新聞が誕生した。明治のニューメディアである日刊新聞の第1号である。同紙の創刊は神奈川県令が主導した。今の県知事にあたる当時の県令は政府が任命していたので、新聞の発刊は事実上政府の近代化路線の一環だった。編集は、横浜税関の翻訳官で、およそ35歳の子安峻が担当した。

鉛活字を使った活版両面印刷で洋紙に刷られた横浜毎日新聞は、今で言う経済紙だった。つまり、日本初の日刊紙は経済紙だった。明治初期の新聞というと、政党ごとに分かれた政論新聞を思い浮かべやすいが、横浜毎日新聞は貿易情報に重点を置いた経済紙だったのである。実際、創刊号冒頭に次のように掲げている。用語が古くて硬いのでわかりにくいが、傍線を付けたキーワードに注目していただきたい。

「新聞紙の専務は、四民中外**貿易**の基本を立て皆自商法の活眼を開かしめんが為・・・（中略）・・・所謂**商事**の根元は**全世界の動静**を計り遠近之**物価**を参術し・・・」

要するに、海外との貿易を活発にしていくために、全世界の動きを察知し、各地の物の値段をつかんで報道していくことが新聞の役割だと述べている。横浜で創刊されたのも、横浜が貿易における最大の玄関になるという展望を持ったからだろう。このように、日本における近代的新聞のはじまりは、貿易を担う人が、的確な判断をして行動に移していくための情報（ニュース）を掲載することだったのである。そのことを銘記しておきたい。

この宣言が載っている創刊号（旧暦明治3年12月8日）の現物は長らく行方不明になっていて「幻の創刊号」と呼ばれていた。ところが、東京オリンピックの年１９６４年（昭和39年）に、群馬県の旧家の長持ちの中から突然姿を現した。

なお、横浜毎日新聞は現在の毎日新聞とは関係がない。日刊新聞の名称として、毎日とか日日という言葉を入れる例はこののち多く見られるようになる。欧米ならデイリーニュースというところである。

その後の横浜毎日新聞であるが、経済紙として出発しながら、わずか5年ほどで政論紙に転換した。しかし、歴史の中で「初の日刊紙」として初期に存在感を示したものの、経営主体や題号が変わったりしつつ昭和10年代に廃刊になるまで、同紙はメディアの歴史の表舞台に登場することはなかった。なお、経済紙としては、1876年（明治9年）に創刊された中外物価新報が発展を遂げて、今日の代表的経済紙「日本経済新聞」となっている。

〝政府御用達〟東京日日登場

横浜毎日の創刊の翌年、1872年（明治5年）になると、戯作者の條野伝平、貸本屋の西田伝助、浮世絵師の落合幾次郎により、東京初の日刊紙東京日日新聞が創刊される。創刊時の年齢は、條野40歳、西田34歳、落合39歳だった。

注）年齢は『明治のメディア師たち 錦絵新聞の世界』（日本新聞博物館の企画展図録、2001年刊）

より。

この東京日日新聞は、のちの毎日新聞東京本社版の源流である。当初は浅草茅町（現在のJR浅草橋駅近辺）の條野の自宅から出したが、2年後に銀座に社屋を建てて進出した。社屋は銀座の名物となり錦絵新聞に描かれた。

翌1873年（明治6年）岸田吟香が入社し、平易な口語体の雑報欄が受けて大衆紙として定着したかに見えたが、岩倉使節団の一員でもあった福地源一郎が1874年（明治7年）に入社し、主筆に就任して社説欄を創設してから、紙面を一新した。こうして、東京日日新聞は政府を支持する論調の〝御用新聞〟となり、自由民権派の政論新聞とは対立する立場をとるようになった。

ただし、当時の御用何々という言葉は、今日のような権力に追従するという批判的なニュアンスばかりではなかった。東京日日新聞は政府から独立した新聞だったが、政府と社会をつなぐ、官報相当の情報を社会に伝える〝政府御用達〟としての役割を自認していた。

横浜毎日新聞や東京日日新聞を追いかけるように、郵便報知新聞や朝野《ちょうや》新聞などが創刊され、当時わき起こっていた自由民権運動に関して、政党色を明確に出し、社説を中心に激しい議論（政論）を戦わせていた。漢文調の記事を読める特定階層向けに書かれていたそれらは大新聞《おおしんぶん》と呼ばれていた。〈写真2-2-1〉

写真2-2-1　明治初期の大新聞《おおしんぶん》と小新聞《こしんぶん》

（出所）日本新聞博物館所蔵

元祖大衆新聞の読売創刊

1874年（明治7年）までさかのぼって特筆すべきは読売新聞の創刊である。同紙は、小新聞《こしんぶん》と呼ばれる大衆日刊紙の元祖である。大新聞と違って小型の判型だったので小新聞と呼ばれた。読売新聞の判型は、縦約26センチ、横約35センチ、横長2ページ建てだった（約2年後に縦長に変更）。大新聞の東京日日新聞を見ると48×34センチ、4ページ建てだったので、確かにかなり小さい。

政論は載せず、口語調の文体で、読者が関心を持つ世間話を記者が語りかけるように書いた。漢字にはすべてふりがなをふった。「この新聞は、女子供にとってためになる事柄を、誰にでもわかるように書いて出すつもり」であると創刊号で宣言している。原文は「此新ぶん紙《このしんぶんし》は女童《おんなこども》のおしえにとて為《ため》になる事柄《ことがら》を誰《だれ》にでも分《わか》るやうに書《かい》てだす旨趣《つもり》でござります」とあって、現代の私たちにとっては決して読みやすいとは言えないが、当時の大新聞の硬い表現に比べると、これでもはるかに読みやすかったのである。

創刊号の告知では、加えて、わかりやすく為になる話があれば、ぜひ投書《よせぶみ》してほしいと読者に呼びかけている。読売新聞では、この趣旨の文体のことを、創刊翌年、「俗談平話《ふだんのはなし》」と命名した（山田俊治『大衆新聞がつくる明治の〈日本〉』NHKブックス、2002年刊）。

知識層向けと大衆向けの折衷 〝中新聞〟の発達

昨今、政権寄りの論調の読売新聞と社論で対立することの多い朝日新聞は、1879年（明治12年）に大阪で創刊された。戦後は、どちらかというとインテリ層の読む新聞というイメージが一般的になったが、出自は小新聞である。時代を経るにしたがって、大新聞は小新聞の要素、すなわち大衆向きの世間話を多く取り込んでいき、主な小新聞は国の政治の動きも載せたり、社説を設けるなど大新聞の要素を取り込んでいった。これが、欧米のように少部数の高級紙と大部数の大衆紙が分かれて併存するのではなく、両者の性格を折衷した〝中新聞〟として、それなりに質を確保しつつ大部数を発行する新聞として成長した。

戦前は、朝日、毎日の二大新聞が競いながら部数を伸ばした。共に大阪で生まれて、東京の新聞を買収し、全国紙をめざして発展していった。毎日（東京日日を買収）は大新聞からはじまって〝中新聞〟化していった。1924年（大正13年）には、大阪朝日新聞、大阪毎日新聞がそろって100万部達成を宣言した。特に大衆受けした内容は、人気投票、他紙との批判合戦、大衆小説の登場、義捐金募集、スキャンダル報道などだった。朝日、毎日は政論と大衆ネタをたくみに共存させてきた。

戦争も新聞の部数拡張に貢献した。政府や軍の宣伝ビラのようなあおり記事もあたりまえのように出してきた。たとえば、１９０５年（明治38年）の東京日日新聞の見出しは「祝旅順陥落　大日本帝国万歳　大日本陸海軍万歳」だった。のちの日中戦争や太平洋戦争に関しては、形勢が悪くなるにつれて軍部の圧力も大きくなったが、それぱかりが理由とは言えない大衆迎合ないしあおりの報道が、１９４５年の敗戦まで続いた。

大部数を得た背景がトップの言葉に表れている。大阪毎日新聞（１８８８年、明治21年創刊）の社長本山彦一は「新聞商品論」を唱えた。

「新聞紙も一種の商品なり。」（小野秀雄『日本新聞発達史』大阪毎日新聞、１９２２年刊の序文から）という言葉は利益追求偏重の新聞と受け取られた面もあったが、本山の真意は、商品主義によって経営の独立がなされなければ「御用新聞となるか、一二実業家の機関、もしくは広告大得意主に左右」されてしまうということだった。独立した新聞を維持するために経済的自立が重要だという考えは、時事新報をつくった福澤諭吉とも共通していた。

１９１８年（大正7年）、米騒動に関する報道規制に抗議する記者大会を報じた大阪朝日新聞の記事が政府の攻撃を受けて、朝日は窮地に追い込まれた。いわゆる「白虹事件」である。創業者で社長の村山龍平は社長を辞任、主筆と編集局長が退社する事態となった。朝日は、さらに弁明の長文社告を発表、その中で「不偏不党の地に立ちて」という言葉を含む「編輯（編集）綱領」を発表して発行停止をまぬがれた。この「不偏不党」は、意図するところは別として、「新聞商品主義」の別名とも言え、立場や信条を越えた読者を得るのに好都合であり、大部数を実現することに貢献した。

ニュース報道が新聞の目玉商品になっていった時代、高速輪転機や電信設備、航空機などの導入が競争力発揮のために必須となった。そのため、資本力がモノを言うようになり、朝日、毎日の二大新聞の台頭がますます明確になっていった。こうして、巨大部数の〝中新聞〟が20世紀末まで大発展を遂げ、その発展の中に、今日の有料デジタル化の障壁を内包していたことにも今さらながら気付かされる。そのことはあとの章で述べる。〈図表2-2-1〉

戦後においては、大新聞と書いて、もはや「おおしんぶん」と呼ぶことはなく、「だいしんぶん」と言うようになったのは、以上のようないきさつからである。

なお、いま日本で最大部数を誇る『読売新聞』は東京で明治7年に創刊された大衆紙のトップバッターだが、朝日、毎日とならべて「ちょうまいよみ」ないし「三大新聞」と呼ばれるようになったのは戦後のことである。

明治、大正の〝ワイドショー〟と錦絵新聞

明治、大正の一般大衆向けの新聞は、いまのワイドショーか週刊誌をもっとどぎつくしたようなものである。〝中新聞〟化していった大新聞《おおしんぶん》も、小新聞《こしんぶん》と見分けがつかないような記事を載せるよう

図表2-2-1 “中新聞”(知識層兼大衆層向け)の台頭

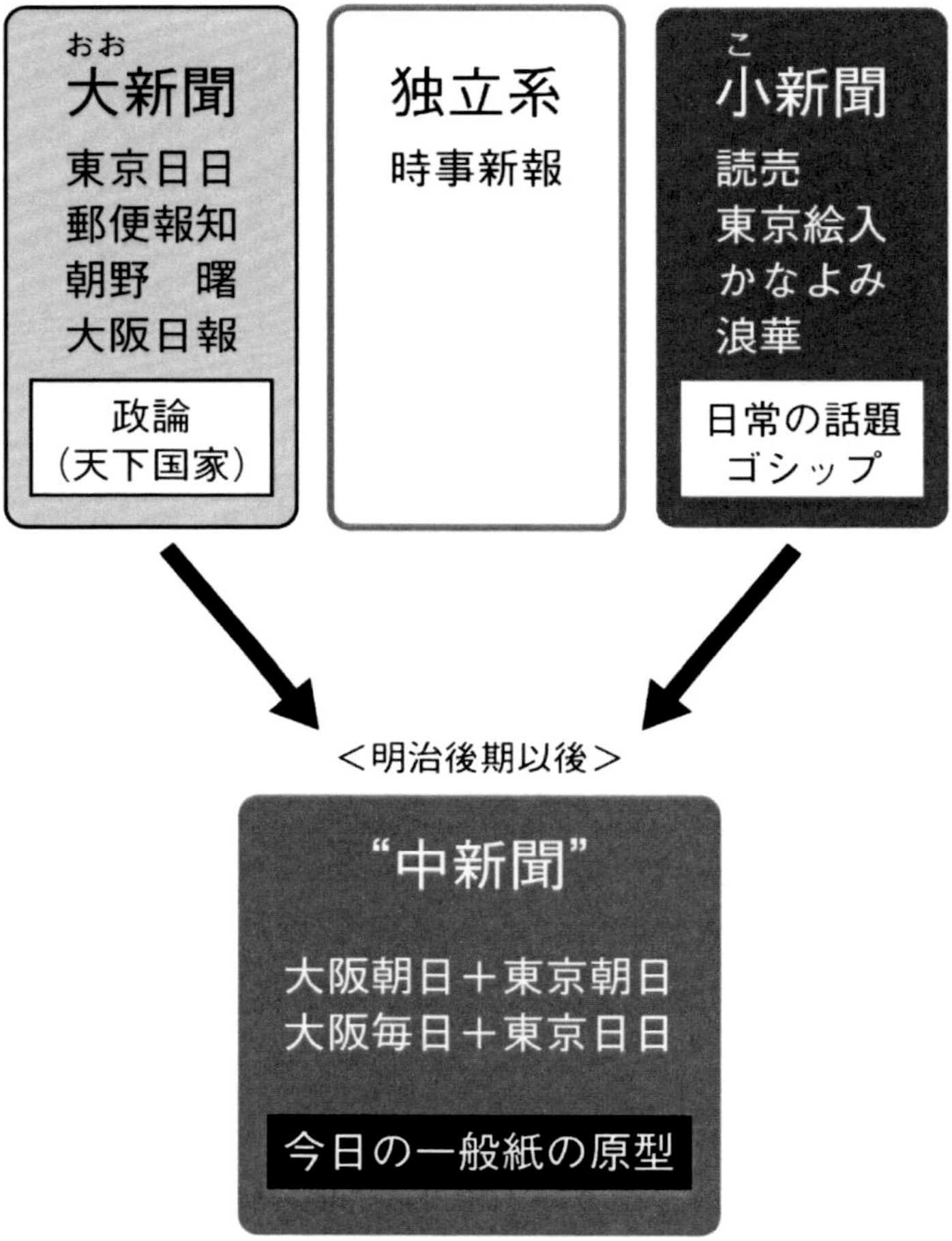

(出所)校條諭作成

になった。たとえば、大正12年の東京日日新聞を見る。同紙はもともと大新聞と呼ばれて大衆紙ではなかったが、こんな見出しの記事まで載せている。

「三角関係の破綻　夫人姉妹を惨殺して自殺した　美しい義妹と不倫の恋　妊娠3ヶ月を夫人に悟られ」

人権意識が確立していない時代なので、当時のこの種の記事は、名前や住所など当然のように明記しているし、プライバシー侵害などおかまいなしの内容が多かった。しかも、一面的な思い込み、当局発表の鵜呑みなどが多く、新聞自体が「フェイクニュース（偽ニュース）」を多数発信していた。しかし、誤解を恐れず言えば、ニュースの多くは利害関係者以外の人にとってはエンターテインメントである。これは昔も今も変わらない。昭和初期に大阪朝日新聞が特集した「理想の新聞は？」の中での、新聞の改善点についての問いに、評論家新居格は「私生活の瑣事《さじ》を書き立てないこと（たとえば恋愛、離婚、結婚を主題とする扇情的記事）」と書き、また、銀行の取締役も「何か珍しい事件の中心人物や犯罪事件等についても個人的な詮索があまりに度を越してないか」と述べた（大阪朝日新聞1929年1月28日付け記事を筆者が現代語および新字に変換）。

筆者は、2001年の秋に横浜の日本新聞博物館で開催された企画展「明治のメディア師たち　錦絵新聞の世界」で、はじめて錦絵新聞の一点一点の細部を見た。錦絵新聞は、明治7年（1874年）に東京日日新聞（明治5年創刊）の記事をもとに、絵を起こし、文章を加えたものから始まった。同紙の創刊メンバーに浮世絵師の落合幾次郎と戯作者の條野伝平がいたことが幸いした。1節で取り上げた仮名垣魯文も錦絵新聞に記事を執筆して、戯作者として培った能力を発揮した。

明治7年といえば、新聞というものが発行されるようになったものの、まだ多くの国民がそれになじめない頃だった。そんな時代に、新聞をもとにした大衆的なメディアとして錦絵新聞は登場したのだった。新聞に載った市井の事件が主たる題材であり、出所の新聞名が明記されていた。ほどなく複数の版元から発行されるようになり、ときには複数の版元から、同じ新聞の同じ記事をもとにした錦絵が出ることもあった。今で言えば、同じ新聞がネタ元の事件を、複数のテレビ局のワイドショーが取り上げているようなものである。〈写真2-2-2〉

こうして、カラフルな絵とふりがなつきで、親しみやすい語り調の文章でできている錦絵新聞は、かなりの人気を博したが、明治10年を過ぎると急速に消えていった。それは、総ふりがな、口語体で庶民が興味を持つ話題を連日取り上げている日刊の小新聞の普及が進んだからである。錦絵新聞はわずか3年ほどで消えていったメディアではあったが、浮世絵師、戯作者、新聞記者といった異なる分野の人たちが協力して新しいメディアを作り出して人気を得たという事実は、メディア史として注目に値する。「文章は読めないが寄席で講談や落語を楽しむ人々と、文明開化のメディアである新聞とをつなぐ橋渡し役を、彼らはすすんで果たした。」そして、「漫画、紙芝居、テレビ、写真週刊誌など、現在に至る大衆ジャーナリズムの水脈の源を見出す。」と、メディア史が専門の土屋礼

写真2-2-2　錦絵新聞の例

病気の夫を看護する貞婦が、読経を頼んだ旅の僧侶に襲われて殺されたという話。『東京日日新聞』創刊号に載っている事件を絵にしたもの。絵師は落合芳幾。文は山々亭有人こと條野伝平。

（出所）日本新聞博物館所蔵

子さんは日本新聞博物館の企画展の図録に寄せた文で語っている。

独立守るため広告に力を入れた時事新報

新聞の激しい興亡の中で、1882年（明治15年）に登場した「時事新報」に注目しておきたい。創刊の主は福沢諭吉である。福沢は、緒方洪庵の適塾（正式には適々斎塾）で蘭学を学び、その後23歳のときに、江戸の中津藩邸で蘭学を教えるようになった。25歳には咸臨丸で渡米するなど、海外に三度渡っている。1866年（慶応2年）に『西洋事情』を著すなど、欧米の文明に国民の目を見開かせる趣旨の発言を熱心にしていた福沢は、新聞を出すことが大きな力になると考えた。

時事新報は経済記事を柱とし、世界の経済、金融のニュースをいちはやく載せることを重視した。1921年（大正10年）の「日英同盟廃棄」という国際的スクープは歴史に残っている。

報道や論説の姿勢として、「独立不羈《どくりつふき》」を理念とした。不羈の「羈」という字は、もともと馬のたづなを意味し、束縛することを意味する。したがって不羈は、束縛されないという意味である。しかも、単に理念として独立をうたうのでなく、経営を度外視した政論新聞が当時多かった中、独立の維持のため、新聞が経済的に成り立って継続していけることを重視した。そのため販売収入の拡大とともに、広告の獲得に力を入れた。創刊から10年ほど経った頃、「日本一の時事新報に広告するものは、日本一の商売上手である」というキャッチフレーズで風船を飛ばして広告出稿を募ったりした。1907年（明治40年）の3月1日号は、創刊25周年記念特集号として、なんと224ページ、うち9割が広告という分厚い新聞となり話題になった。福沢は、そのような広告営業のアイデアや実践は若き経営者（中上川彦次郎）に託していた。この時代は商売蔑視の風潮が強かったのだが、福沢は時事新報で実業奨励論を展開して広告にも力を入れたのである。広告代理店という新業態の登場も、福沢の提言によるものだった。

福沢が1901年（明治34年）に死去した後は、すでに社長に就任していた次男の捨次郎が経営を担当していたが、1905（明治38年）年に実行した大阪進出が失敗、経営改善策もなかなか功を奏さないうちに、関東大震災による社屋全焼といった困難に直面した。毎日新聞の社史は「満州事変を契機とする号外競争、通信施設など編集費の増大で、新聞界も資本力の勝負となり、時事新報は泥沼となっていた長期消耗戦の中で、東日・東朝の資本力に屈したと言える。」と記している。（『毎日の3世紀　上』毎日新聞社、2002年刊）こうして1936年（昭和11年）、東京日日新聞に併合されるという、誇り高い時事新報としては不本意な結果となった。時事新報は結局、社史を作る機会を得ることのないまま歴史から消えた。

時事新報は、スポーツ・文化の振興、災害の救援キャンペーンなどでも定評があったが、そのうち、相撲の優勝者への銀盃および優勝額の贈呈、音楽コンクール（現日本音楽コンクール）の開催などは時事新報を併合した東京日日新聞が引き継ぎ、現在も毎日新聞社の看板事業となっている。東日が音楽コンクールを引き継ぐときは、「音楽損スール」などと揶揄する向きも社内にあったという逸話が残っている。

あとで取り上げるニュースメディア、ニューズピックスのCCO（チーフコンテンツオフィサー）佐々木紀彦さんが東洋経済オンライン編集長のときに書いた本の中で、時事新報に注目して、その功績として次のような項目をあげている（『5年後メディアは稼げるか』東洋経済新報社、2013年刊）。

・イベントの充実：マラソン大会、美人コンテスト、音楽会、コンクール発表会を開催
・コミュニティの形成：福沢が設立した日本初の実業家の社交クラブ、交詢社との連携
・海外報道の充実：英通信社ロイターとの独占契約
・書き手の多様化：女性ジャーナリストの積極登用
・コンテンツのエンタメ化：時事漫画の確立。はじめて漫画家を新聞に起用
・デザインへの配慮：ピンクの新聞用紙に切り替え、他社と差別化
・テクノロジーへの先進性：英国から最新鋭輪転機を購入。昭和7年にはカラー印刷を開始
・データ情報の充実：天気予報、商況、物価動向をはじめて新聞に掲載

・コンテンツの二次利用：テーマ別の社説を連載し、終了後は書籍として出版
・ジャーナリズムの独立：誇大広告の多い売薬業者を記事で批判。多数の広告主を失う

ラジオが登場、戦争報道で活性化

大阪朝日新聞と大阪毎日新聞がそろって100万部達成を宣言した翌年の1925年（大正14年）、NHK（日本放送協会）の前身組織が東京、大阪、名古屋でラジオ放送を開始した。戦後の1951年（昭和26年）に民間放送が始まるまで、ラジオはNHKの独占だった。人々のラジオへの期待は予想を上回り、契約数は、初年度9月には50万に達した。それを見た読売新聞は、広告部長の進言を社長の正力松太郎が受け入れて「ラジオ版」という番組紹介のページを新設し、部数拡張に一役買った。広告部長の提案は、報道機関として競争相手のラジオに手を貸す愚行だとして社内外で冷笑されたものを、正力は行けると判断して踏み切ったのだった（『読売新聞120年史』読売新聞社、1994年刊）。正力は、1924年、経営不振にあった読売新聞を買って、社長に就任したばかりだった。読売の成功を見て、他紙も次々とラジオ欄掲載に走った。

NHKは1930年、二大通信社と契約を結び、自主判断でニュース編集ができるようになった。それまでは新聞社からニュース配信を受けていて、新聞より早く速報を打つこともできず、放送の

強みを発揮できなかったのである。その結果、1931年に起きた満州事変では、臨時ニュースを多数流すなど、速報メディアとしての特性をおおいに発揮した。1941年12月8日には、日米開戦の臨時ニュースが流された。これ以後、毎日のニュースの回数は、それまでの6回から11回に増加した。「ラジオは戦争を人びとの身近に引き寄せたのである。」（藤竹暁「ラジオの登場」、『週刊朝日百科 日本の歴史117』朝日新聞社、1988年刊所収）

満州事変が起こったのは、放送開始後6年ほど経った頃だが、世帯普及率66％（1931年、昭和6年）に達していた新聞に対して、ラジオは1932年で14％にとどまっていた。東京では、新聞はほぼ100％、ラジオは33％だった（村上聖一「放送の「地域性」の形成過程」〔NHK放送文化研究所「放送研究と調査」2017年1月号〕の中で引用している日本放送協会「調査時報」2巻20号〔1932年〕による）。

全国民が「玉音放送」を聞いたイメージのある終戦時でも、ラジオ受信機の世帯普及率は40％に達していなかった（藤竹暁『図説日本のメディア』NHK出版、2012年刊）。

3節　マスメディアの黄金期、テレビと新聞の時代

最初に、戦後のマスメディアの動向を概観する。

第2次大戦で手痛い敗戦を喫した日本は、戦後、奇跡的な復興を遂げて高い経済成長を実現した。それは、明治以来発展してきたマスメディアの完成期であり、黄金期でもある。戦前は新聞とラジオの時代だったのが、新たにテレビが登場して、テレビと新聞という二大マスメディアの時代となった。マスメディアと読者・視聴者とのコミュニケーションのパターンは、「一律大量単方向分配（1対n）」とのひとことで表現できる。新聞について言えば、前節で〝中新聞〟と呼んだ、欧米とは異なる全階層向けの巨大部数の新聞が育った。どの家庭も新聞をとるのがあたりまえとなり、世帯数の増加に比例して発行部数を伸ばしてきた。宅配という、その成長を支えた販売方法は、新聞を、個人メディアではなく家庭内共同利用の世帯メディアとして、絶対的地位に押し上げた。テレビも家族がいっしょに見る世帯メディアとして短時日に普及した。

新聞は、政治面、社会面、家庭面などの基本構成の記事パッケージとして、「世の中の動き」を日々伝えてきた。算数、国語、社会といった授業のパッケージで構成される学校教育のように、新聞は「社会教育」を担ってきたとも言える。

マスメディアに載せる広告を扱う広告代理店では、広告を載せる主要メディアのことを長らく「4媒体」と呼んできた。すなわち、テレビ、ラジオ、新聞、雑誌である。実際、戦後のマスメディア全盛時代は、高度経済成長による家電・自動車などの耐久消費財が牽引する大衆消費社会の形成と重なり、マスメディアはジャーナリズムを担うと同時に、企業にとってマスマーケティング（プロモーション）のツールとして機能してきた。

新聞社の経営が、販売収入と広告収入ともにたいへんうるおっていたことは、新聞が、社会的な問題や課題を取り上げるジャーナリズムの主役であることを支えてきた。特に、安保、ベトナム戦争、公害問題、ロッキード事件、リクルート事件、ソ連・東欧解体といった歴史的出来事を中心に新聞報道は活気づいた。アメリカを例にとれば、ベトナム戦争に関する政府の秘密文書のスクープや、ニクソン大統領を辞任に追い込んだウォーターゲート事件に関する報道が思い出される。

ところが、デジタルネットワークのインターネットの登場後10年後くらいから、目に見えて新聞の部数減が始まった。テレビも総視聴率が落ちてきた。新聞、テレビの世帯メディアとしての大成功が、デジタル時代における苦境の一因になるとは、我が世の春の時代には予想もつかないことだった。

ラジオ全盛

さて、戦後の昭和20年代は、まだテレビはなく、放送はラジオの時代だった。１９４７年（昭和22年）にＮＨＫで始まったラジオドラマ「鐘の鳴る丘」は戦後復興期の国民の感性を強くとらえた。放送が始まると街行く人はまばらになったとまで言われている。１９５２年（昭和27年）に始まった「君の名は」も大ヒットとなった。その年、ＮＨＫのラジオ受信契約数は1千万を突破した。

１９５１年（昭和26年）には、名古屋、大阪、東京を皮切りに民間放送も始まった。報道に関しては、ラジオは速報性で新聞と棲み分けていた。

テレビの急速な普及

テレビ放送が始まったのは、１９５３年（昭和28年）である。2月にＮＨＫ東京テレビジョン開局、8月に日本テレビが放送を開始した。ＮＨＫ開局時の受像機数はわずか８６６台、日本テレビ開局時は約３５００台だった。それでも各所に設置された街頭テレビには大群衆が押し寄せて、おもにプロ野球やプロレスなどの中継番組を楽しんだ。力道山が街頭テレビで大人気になったのは翌1954年（昭和29年）である。

家庭で本格的にテレビが見られるようになったのは、受像機が広く普及してからである。普及が急加速した時期が2回あり、最初は、1959年（昭和34年）4月の皇太子ご成婚報道だった。それを契機に白黒テレビが短期間に普及し、その年の12月には受信契約数が350万近くにまで伸びた。〈図表2-3-1〉

こうしたテレビの成長に危機感を持ったのが映画会社で、1956年（昭和31年）からテレビへの作品提供を拒否した。そのため、アメリカのテレビ映画がどんどん入るようになり、「アイラブ・ルーシー」や「パパは何でも知っている」などが人気を得た。これらを通じて、アメリカの中流家庭の家電製品に囲まれた豊かな生活が多くの国民の目に映り、電化生活を促進するデモンストレーションの役割を果たした。まさに「日本の消費社会はテレビによって高度化された。」（佐藤卓己『現代メディア史』岩波書店、1998年刊）のである。〈図表2-3-2〉

初期のテレビのニュースは、新聞の取材システムや映画館で上映されるニュース映画の表現スタイル（映像にナレーションを付ける）をまねて製作されていたが、1950年代後半になると、アナウンサーが顔出ししてニュースを読んだり、図やフリップを活用するなど、テレビならではのニュースの見せ方の工夫が見られるようになった（「テレビ年表1950～1993年」（『現代用語の基礎

図表2-3-1　テレビの普及率の推移

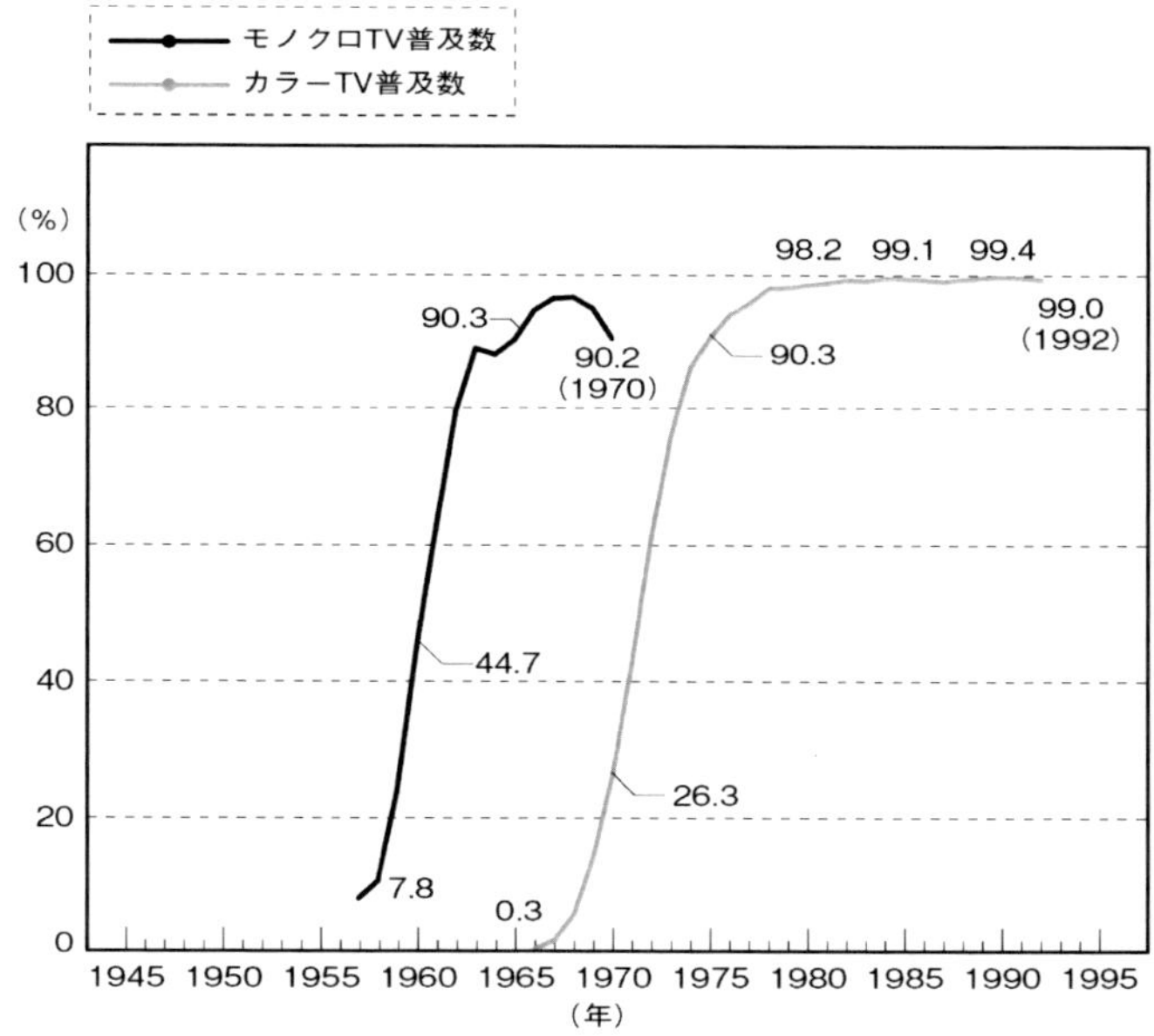

（出所）
経済企画庁「消費動向調査」、NHK「放送受信契約統計要覧」、「情報通信白書」および藤竹暁『図説日本のメディア』（NHK出版、2012年刊）をもとに作成

図表2-3-2　昭和30年代の主要な人気テレビ番組

西暦	昭和	番組名（*斜体は米国製*）
1955	30	私の秘密
1956	31	チロリン村とくるみの木　*名犬リンチンチン*　鞍馬天狗　*スーパーマン*
1957	32	*アニーよ銃をとれ*　*名犬ラッシー*　*アイ・ラブ・ルーシー*
1958	33	月光仮面　バス通り裏　事件記者　*パパは何でも知っている*　*ローンレンジャー*
1959	34	*ペリー・メイスン*　スター千一夜　番頭はんと丁稚どん　皇太子ご成婚パレード
1960	35	白馬童子　*ララミー牧場*　*サンセット７７*　少年探偵団
1961	36	夢で逢いましょう　*アンタッチャブル*　シャボン玉ホリデー　七人の刑事
1962	37	*ノンフィクション劇場*　*ベンケーシー*　てなもんや三度笠　隠密剣士　*コンバット*
1963	38	鉄腕アトム　夫婦善哉　三匹の侍　鉄人２８号
1964	39	七人の孫　赤穂浪士　木島則夫モーニングショー　ひょっこりひょうたん島　ミュージックフェア　東京オリンピック中継　日曜劇場・愛と死を見つめて

（出所）『テレビ年表1950～1993年』（『現代用語の基礎知識・1994年版別冊付録）より校條諭が抽出

知識・1994年版別冊付録』自由国民社)。

白黒のテレビ受像機は1960年代はじめには90%以上の世帯普及率に達していたが、1964年(昭和39年)の東京オリンピックを契機に急速にカラーテレビに置き換わっていった。

リビングルームに家族が集まってテレビを鑑賞した時代

1967年3月、筆者は大学受験のため、上野から特急ひばり号に乗って初めて仙台に行った。2日間の試験が終わったあと、どういういきさつからだったか、現地で知り合った東北大生に誘われて、その人の下宿に泊めてもらった。仙台市南小泉の見ず知らずの家庭で、とても温かく迎えてくれた。

その晩、カラーのテレビ番組をみんなで見るからと誘われ、5、6人の家族全員といっしょにリビングに集まった。その家では映画館のようにわざわざ部屋を暗くして見る習慣だった。当時はまだカラー放送の番組は限られていて、新聞のテレビ番組欄(ラテ欄と言った)には、番組がカラーか白黒かの判別ができる印が付いていた。見たのは海外を旅する番組だった。番組を「見る」というよりはむしろ映画のような作品を「鑑賞」するという言葉の方がぴったりだった。

世帯メディア全盛、ラジオは個人メディア

戦前の新聞記者の社会的地位は決して高くはなかったが、戦後、マスメディアは花形エリート職業へと変わった。主要な新聞は専売店による宅配制度で成長し、急速に普及したテレビと共にマスメディア黄金時代がやってきた。

一家に一台ならぬ一家に一紙、たいていの家庭に新聞はあった。新聞は、個人メディアというよりは世帯メディア（家庭メディア）だった。紙の束というひとまとまりの中にさまざまなコンテンツを抱き合わせで持っていたので、家族のひとりひとりの興味が違っても、世帯メディアとして生き残ってきたのである。家庭内のあるひとりはテレビ欄があるだけでいいと思っても、別のひとりが社会面を見るというように、相乗りメディアとして成り立ってきた。新聞は紙の束が日々宅配され、テレビは家族が集まる部屋に受像機が置かれる。こうして新聞とテレビだけは、世帯ないし家庭の中で特権的な立場を得てきた（固定電話も世帯メディアとして特権的な位置を占めていたが、一対一コミュニケーションという別用途なので、ここでは対象としない）。

1955年にソニー（当時は東京通信工業）が商品化したトランジスタラジオ「TR-55」は、メディア史のエポックとなった。それまで、ラジオは一家に一台の「世帯メディア」だったが、トラ

ンジスタラジオという受信機が出て、ラジオが「個人メディア」化していく道筋ができた。そのため、テレビが登場して以降も、深夜放送や音楽放送を中心とする若者のサブカルチャーとして広く受け入れられ、独自のラジオ文化が成立した。

デモンストレーション効果

新聞は毎日自宅に届き、茶の間など家族全員の目に留まる場所におかれる世帯メディアとして、長年存在感を保ってきた。しかし、これがネット上に移行して、パソコンやスマホで読めるようになって、メディアとしてはなんとか生き延びるとしても、世帯メディアの位置からは降りることになる。これまでは、居間でお父さんやお母さんが新聞を読んでいれば、横から子供がのぞきこんで、見出しが目に入ったり、記事に関心を示したりするシーンがあった。これからは、世帯メディアのデモンストレーション効果と呼べる作用が消えていくことになる。

一方、雑誌や書籍はもともと基本的には個人メディアだが、紙という特性から、本棚やマガジンラックに置かれていればデモ効果を発揮したものだ。筆者が高校生の頃読んだ湯川秀樹著『本の中の世界』（岩波新書、初版1963年刊）には、家じゅうが本だらけだったという記述があって、心からうらやましいと思ったものだった。古びた岩波新書を今開いてみると、そのくだりは前書きの中にあった。「家じゅうがさまざまな種類の書物で一杯になっており、しかもその大部分が大人向きの書物というやや異常な環境の中にあった私にとっては、読書は趣味的であるよりも、むしろ条件反射的行為に近かった」と書かれている。確かに、個人メディアの雑誌や書籍でも、それらが紙でつくられている限りデモ効果をもつことを教えてくれる。

もし雑誌や本がみんな電子書籍になってしまうと、すべてスマホなどの画面で見ることになり、デモ効果はなくなってしまい、本を貸し借りすることもたいていは難しくなる。とはいえ過去を単に懐かしんでいてもしかたがない。ネット時代のテレビや新聞、雑誌相当のメディアが、単なる個人メディアにとどまらず、家族や身近な人だけでなく離れた友人や第三者にもデモ効果を発揮して、それにより触発されたり、関心を喚起されたりして、お互いの会話に発展するという可能性はあるだろう。そのような役割を設計していけるかというテーマが存在するように思う。

朝毎読の三大紙から読朝二大紙の時代へ

有力新聞の動向を見ておくと、戦前は朝日新聞と毎日新聞の二大紙が大きな位置を占めていたが、戦後になると、朝毎読（ちょうまいよみ）三大紙と呼ばれるようになった。その後、読売新聞が次第に勢力を増し、現在では日本最大の発行部数となっている（2018年1月～6月の平均部数85

1万部)。読売は、1967年には約500万部となり毎日を抜いた。その後も毎日の後退は続き、三大紙という言葉はだんだんと使われなくなった。さらに、1977年には読売は朝日を抜いて746万部に達し、1994年にはついに1000万部を達成して、共産圏の新聞を除けば、世界でも珍しい大部数の新聞となった(データは、日本ABC協会の調査による)。

読売、朝日、毎日に加えて日本経済新聞(日経)、産経新聞を全国紙と呼ぶが、全国都道府県のうち、これら全国紙のいずれかが部数トップを占めるのは10都府県だけである。それ以外の37道府県では、地方紙(ブロック紙を含む)がトップの座にある。しかも、福島県の福島民報と福島民友、または沖縄県の沖縄タイムスと琉球新報のように、有力地方紙が競合している県は7県しかなく、あとの県は地方紙1紙の寡占色が強い。

多くの県における1紙寡占は、いわゆる戦時統合の名残である。1937年当時1422紙あったのが、内務省警保局の指導により1941年には355紙、さらにその後、1県1紙制の新聞統合が進められ、1942年にはなんと55紙となってしまった。戦後、復刊・創刊の機運により1950年には155紙まで戻ったが、立ちゆかなくなった新興紙が多く、1960年代以降は100強で推移してきている(数字は桂敬一『現代の新聞』岩波新書、1990年刊より。現在、日本新聞協会加盟紙は104紙)。

テレビ広告の拡大

さかのぼって、1959年、テレビ放送開始7年にして、テレビ広告はラジオ広告を抜いた。その年、読売新聞はラテ欄（番組欄）を、それまでのラジオ中心からテレビ中心へと組み替え、それに他紙も追随した。かつてラジオ欄をはじめて紙面に取り入れた読売がまたしても先鞭を付けた。

そして、1975年には、広告費でついにテレビが新聞を抜いたが、テレビのイメージ広告に対して、説明的な広告は相対的に新聞が担い、テレビと新聞はマス広告の両輪として発展を続けた。当時の新聞は、広告を載せるためにどんどんページを増やしていったのだが、それとバランスのとれる量の記事が必要なので、記者は「広告の裏に記事を書いている」などと自嘲気味に語ったという逸話が残っている。

4節　インターネットの登場

１９８０年代になると、衛星放送、都市型ＣＡＴＶというニューメディアの登場により多メディア多チャンネル化が進んだ。１９８５年の通信の自由化（回線開放）、ＮＴＴ民営化といった経済環境の変化により、パソコン通信が商用化されるなど、「一律大量単方向分配」のマスメディア黄金時代がゆらぎはじめ、メディア革命の幕開け前史が進行し始めた。

総表現社会、誰でも発信・表現ができる時代

１９９５年はインターネット元年と言われる。大学や企業の一部専門家が使うネットワークはすでに１９８０年代後半から登場していたが、一般個人への普及が始まったのは１９９５年である。その時期、一般ユーザーが使いやすいような閲覧ソフト（ブラウザー）が登場し、商用のネット接続をサポートする会社（プロバイダー）のサービスが始まり、さらに電話回線を使ったデジタル通信の定額利用もできるようになって、はじめてインターネットの普及に弾みがつくようになった。

ＨＴＭＬという記述言語を使うと、比較的簡単にホームページ(ウェブサイト）がつくれるという

ので、新しもの好きの企業や、ＨＴＭＬを覚えるのをいとわない個人が続々とホームページをつくるようになった。それらを紹介する雑誌（日経ネットナビなど）やネット上のリンク集（ディレクトリー）などがたくさん登場した。後者の代表例はヤフーディレクトリーで、筆者が起業した会社でも街並みやテレビ番組表を模したリンク集を提供した。そのようなリンクをたどってさまざまなホームページを探して歩く「ネットサーフィン」という言葉も流行した。余談ながら、街並み型のリンク集は、クレイフィッシュの松島庸さんに、テレビ番組表型のリンク集は、のちにホリエモンと呼ばれるようになった堀江貴文さん（オン・ザ・エッヂ社長）に企画・制作を委託した。その後、共に新興市場のマザーズに上場した。

やがて、自分で作ったマイホームページを持つ人も増えていった。ホームページは大企業だろうが、個人だろうが作るのは自由であり、インターネットの上ではフラットにすべてのホームページが横並びの立場となる。一個人が自分の活動を紹介したり主張を発信したりできるという、まさにマスコミュニケーションの図式とまったく異なるメディア時代の幕開けとなった。

そこに２０００年代初頭、わざわざホームページを作らなくても、簡易に自分の文章を発表できるブログというサービスが登場した。もちろん、マイホームページを作ったりブログに書いたりしたからといって、それだけで多数の人に読まれるという保証はまったくないが、個人の表現を、全世界に広がるインターネットユーザーに見てもらえる可能性が生まれたというだけで画期的なことである。

筆者は、1995年に刊行した編著書『メディアの先導者たち』（NECクリエイティブ刊）の中で、インターネットを通じて、普通の個人が表現、発信、共有するという、コミュニケーションの歴史の新たな段階を「総表現社会」と呼んだ。それから10年以上たってから出たベストセラー『ウェブ進化論』（梅田望夫著、ちくま新書、2006年刊）でこの言葉が紹介されて広く知られるようになった。

インターネット普及の初期は、ネットは「ホームページを見るためのもの」というイメージが強く、コミュニケーションの場という印象は弱かった。当初のインターネットは、ホームページという、できあがった紙芝居を見るようなイメージから始まっていて、対話の要素があまりなかった。

部室貸し型ネットコミュニティ、そしてテーマ型

そのインターネットに、パソコン通信のフォーラムやSIG（スペシャルインタレストグループ）のように、交流の場を作る発想を受け継いで広まったのが掲示板やメーリングリスト（ML）である。これらは、今でもツールとして根強く使い続けられている。

筆者は一念発起して1997年にネットビジネスの会社（未来編集株式会社）を起こした。1億

5000万円ほどの資金を集めて、NTTのマルチメディア部門と組んで、掲示板とメーリングリストをシンクロさせたネットコミュニティのサービス「アットクラブ」を開発・提供したのである。いわばネット上のサークル会館のようなもので、誰でも好きなテーマの部室を持ち、部員を募ることができるというものだった。「長野オリンピックサポーターズクラブ」のような活発な〝部屋〟もあった。しかし、インターネットのユーザーがそもそもまだ少なかったということや、月額200円という有料サービスにしたのが大失敗で、じきに無料化に踏み切らざるをえなくなった。のちに、ソフトバンクの孫正義さんが「事業は早すぎても遅すぎてもいけない」と言っているのを聞いたが、いろいろ工夫が足りなかった点も含めて早すぎたのである。とはいえ、あのエキサイティングな日々は筆者にとって財産である。

こうした貸し部室型の第一世代の後、2000年代に入ると、コミュニティサイトの主流は、価格コムや食べログ、クックパッド、アマゾンのような、特定のテーマやジャンルに特化して、コメント欄やレビュー欄を内部に持つ第二世代に移った。これらはテーマに則したコンテンツやメニューが充実しているので、関心のあるユーザーが多数集まり、コミュニティを形成しやすい。〈図表2-4-1〉

図表2-4-1　総表現社会を支えるソーシャルメディアの発達

（出所）校條諭作成

人を軸にしたSNS

2000年代後半以後急成長したのがSNSであり、個人が自由に表現・発信でき、読む人・見る人も何らかの反応ができるメディアとして、従来のマスメディアと並ぶ大きな存在となっている。なかでも、利用者の相互交流の度合いの大きいLINE、フェイスブック、ツイッターは第三世代のコミュニティサイトと言ってもいいだろう。その前にmixiが先行して、最高2000万人の登録を得たが、強大な新興勢力の前に衰退した。

LINEは、日常的な交友関係を持つ人たちを中心としたチャットトークが行き交うメディアであり、自由にグループを作ることもできる。フェイスブックの多くのユーザーは面識のある人を中心に「友達」関係を形成している。いわば同窓会やサロンのような社交の場であり、ある面を知っている人の、いまの行動が見えたり、新たな面を発見したりできる。それによって、面識を得ただけよりも関係が深まるという付加的な満足をもたらす。LINEとフェイスブックは第一、第二世代と異なり、ネットだけで完結せず、物理的な対面や交流の場と連なったり相補関係を持ったりすることが多いのも特徴である。

ツイッターでの発言は、見知らぬ人が通る街頭で演説をするようなもので、多くの人にとってはミニコミだが、気に留めてくれる人（フォロワー）を一種のファンクラブのように組織できる。トランプ大統領のように２０００万人ものフォロワーがつくのは例外中の例外だが、マスメディアと言っていい例も多い。

以上のように、ざっくり言えば、ネットコミュニティは、部室貸し型→ジャンル・テーマ型→人つながり型という順に発達してきたと言える。

〈図表2-4-2〉は、大学でＳＮＳ論を講義している久米信行さんによるソーシャルメディアの分類である。主な3種を、特定の人とやりとりするか不特定多数とか、文脈でつながるのか文脈なしでか、という2軸で位置づけている。本論ではインスタグラムを取り上げていないが、文脈でつながるもののみを対象としているということがこれで理解されよう。

新聞の低落、マスメディア一強の終わり

インターネットの普及が顕著になってからすぐに新聞の部数が減り始めたわけではなかった。それは宅配制度に支えられた世帯メディアだからだった。たとえば、世帯の中で、新聞を読める年齢の息子や娘が新聞に見向きもしなくなっても、親は新聞をやめようとしなかった。しかし、それは見えないうちにシロアリに食われていたようなものだった。実際、ＮＨＫが5年ごとに行っている

図表2-4-2 ソーシャルメディアをつながり方で分類すると…

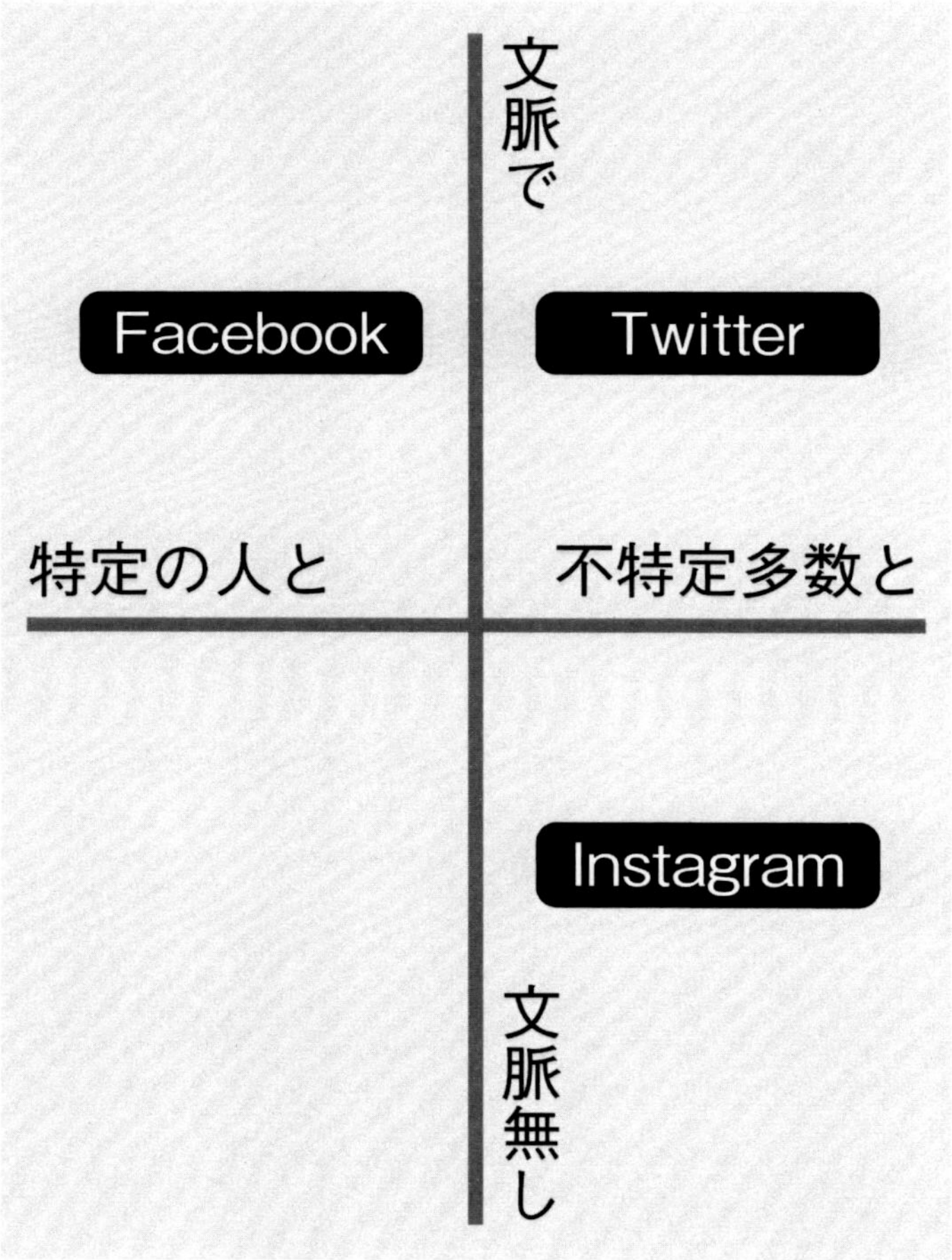

（出所）久米信行（久米繊維工業会長、多摩大学客員教授、明治大学非常勤講師）

「国民生活時間調査」を見ると、「新聞を1日に15分以上読む人」の割合が調査のたびに大きく減っている。1995年、2005年、2015年という10年ごとの数字を年齢層別に見ると、20代では18%→8%→5%と、新聞というものの存在感がほとんどなくなっていることがわかる。50代でも、70%→58%→39%と、半数以下になっており、中高年でも新聞離れが進んでいることが明白である。

新聞は、世帯数の増加に比例して、戦後ずっと発行部数が右肩上がりだった。「インターネット元年」の1995年以降、スポーツ紙を除く一般紙の発行部数は、2006年までの10年間は約4700万部台を維持していたのだが、その後、目に見えて減るようになり、2017年には3900万部弱と、10年ほどの間にほぼ800万部の減少となった（日本新聞協会による）。これは現在最大規模の読売新聞がほぼ消えてしまったようなものである。一時1000万部を誇った読売は、現在、約850万部、朝日590万部強、毎日約280万部である（2018年1月～6月の平均部数、日本ABC協会による）。新聞社がつぶれたり身売りしたりするのが早くから起きたアメリカを、日本も追いかけていることを実感する。そうした中で、地域密着の地方紙は相対的に根強さを見せている。

なお、スポーツ紙は一般紙よりも先行して減り始め、その減り方も大きく、これまで最高だった1996年の658万部から2017年には336万部とほぼ半分になってしまった。〈図表2-4-3〉

図表2-4-3　新聞発行部数の推移（1965年～2017年）※スポーツ紙を除く

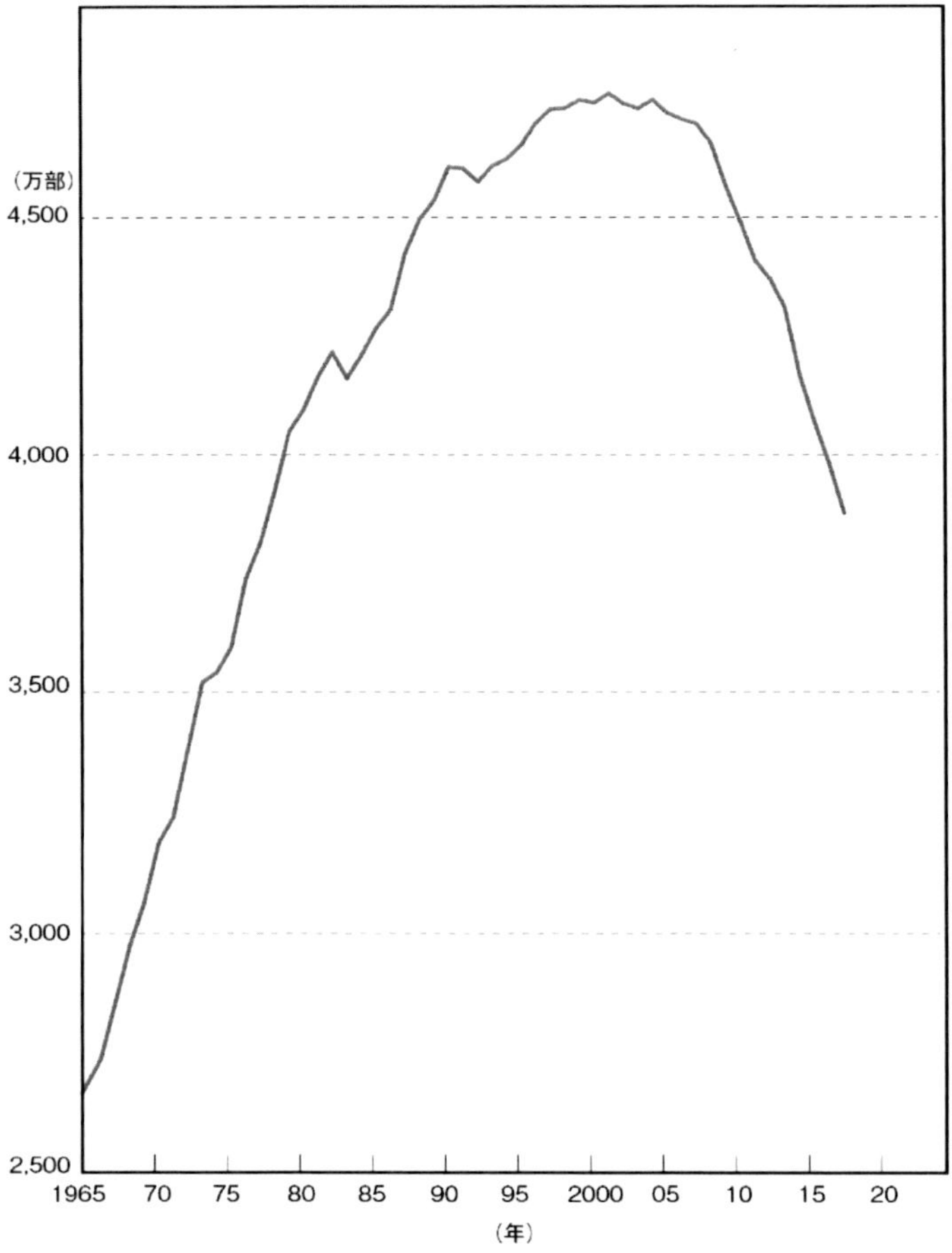

（出所）日本新聞協会

デジタルはコンテンツをバラバラに浮遊させる

実は、新聞はインターネットに食われる以前から、情報誌などにすでに食われていた。たとえば、新聞社にとって重要な収入源だった就職や賃貸住宅の案内広告は、リクルートの情報誌のような専門メディアが登場して、1970年代以降、新聞からだんだん姿を消していった（リクルートの「就職ジャーナル」は1968年創刊）。

そして、インターネットというデジタルネットワークの登場により、新聞を取り巻く競争環境は劇的に変わりつつある。それまでは、紙の束によるコンテンツ・パッケージを世帯向けに販売してきて、世帯員はそれを共同利用してきたわけだが、デジタルコンテンツは共同利用の必然性をなくしてしまう。それが個人化を促進する。つまり、インターネットこそが巨大な大皿となり、デジタル化とともに多くのコンテンツはバラバラに分かれて大皿の上を浮遊している。

たとえば、かつては新聞にも家電製品の紹介や広告がよく載っていた。しかし、いまやカカクコムやアマゾンのレビュー（評価コメント）を見るのが当たり前になっている。スマホがあれば、家電量販店に行って、その場で商品の評判などの情報を調べることができる。また、健康関係の記事はいまでも新聞でよく見るが、これもネットには競合するサイトがたくさんあり、しかも、そこで見たサプリが欲しくなれば、ただちにショップサイトに移動して注文できるし、医者にかかろうと思えば病院や医院の検索も簡単にできてしまう。

こうして、個人メディア化の流れに乗れず、デジタルの特性を最大限生かした情報サービスに太刀打ちできなくなった新聞は、だんだんとその強みを失っていった。

3章　メディア戦国時代　新興メディアが覇権を握るのか

1節　新聞の電子版、積極派と消極派

日経電子版が有料会員獲得先行

新聞社が電子版・デジタル版の有料読者を拡大しようというもくろみは、紙の新聞が宅配によって得ていた優位性と比べると、気の遠くなるような競争環境にさらされている。すなわち、無料キュレーションメディアはもとより、個人ブログまで含む膨大な数のウェブサイトと横並びの立場で選ばれる対象になっているのである。新聞社にとっては、本来、減少しているとはいえ、紙の収入が確保できているうちに、紙のパッケージと同様のデジタルパッケージ商品である有料電子版の読者を獲得していきたいのだが、なかなか思うにまかせないというのが現状である。

そのような中で、有料会員獲得では経済紙が先行していて、２０１０年3月に創刊した「日経電子版」は、２０１８年6月に60万人に達した（日経新聞、２０１８年6月7日）。これは紙版と併読の会員と電子版単体の会員の双方を含んでいる。

宅配で紙版を月額４９００円でとっていて電子版を利用するには追加で１０００円かかり、電子版単体の場合は月額４２００円（いずれも税込）というのが、当初、無謀な価格設定だとも言われたが、創刊後順調に会員数を伸ばしている。２０１６年10月の発表によれば、有料会員のうち、電子版単体の人は半分強を占めている。日経は経済紙なので、読者が、経済的、ビジネス的な目的のためのコストという意識でお金を出しやすいことと、一般紙と違って、日経だけを扱う専売店が少なかったことが、身軽に新規流通に乗り出しやすい条件となり、成功につながったのだろう。
日経電子版は、紙版に載せている記事（１日約３００）に加え、電子版独自の記事を約７００掲載しており、高額の料金設定の妥当性を問う声に答えていると見ることもできる。〈図表3-1-1〉
海外でもＷＳＪ（ウォールストリートジャーナル）やＦＴ（フィナンシャルタイムズ）のような経済紙が有料デジタルで先行している。その中で、一般紙であるにもかかわらずＮＹＴ（ニューヨークタイムズ）のがんばりは突出していて、２０１７年に、有料デジタル会員数が世界の新聞社で初めて２００万人の大台を突破し、現在は３００万人に近づいている（アーサー・グレッグ・サルツバーガー社長へのインタビュー記事、朝日新聞、２０１８年10月12日）。ただし、料金はかなり安く、BASIC(Unlimited digital access)というコースで、週2ドル（月額約９００円）だが、最初の1年間はその半額で済む。日本国内からのスマホだと月額１０００円と表示される。毎月20本まで記事を無料で読めるが、それ以上に読みたければ有料になるという勧誘方法である。
それはともかく、ＮＹＴが有料読者獲得に成功しつつあるのは、世界的に有名な高級紙という際立ったブランド力を持っているからだと言えよう。内容は知識層にターゲットを当てており、ひと

図表3-1-1　日経電子版有料会員数の推移

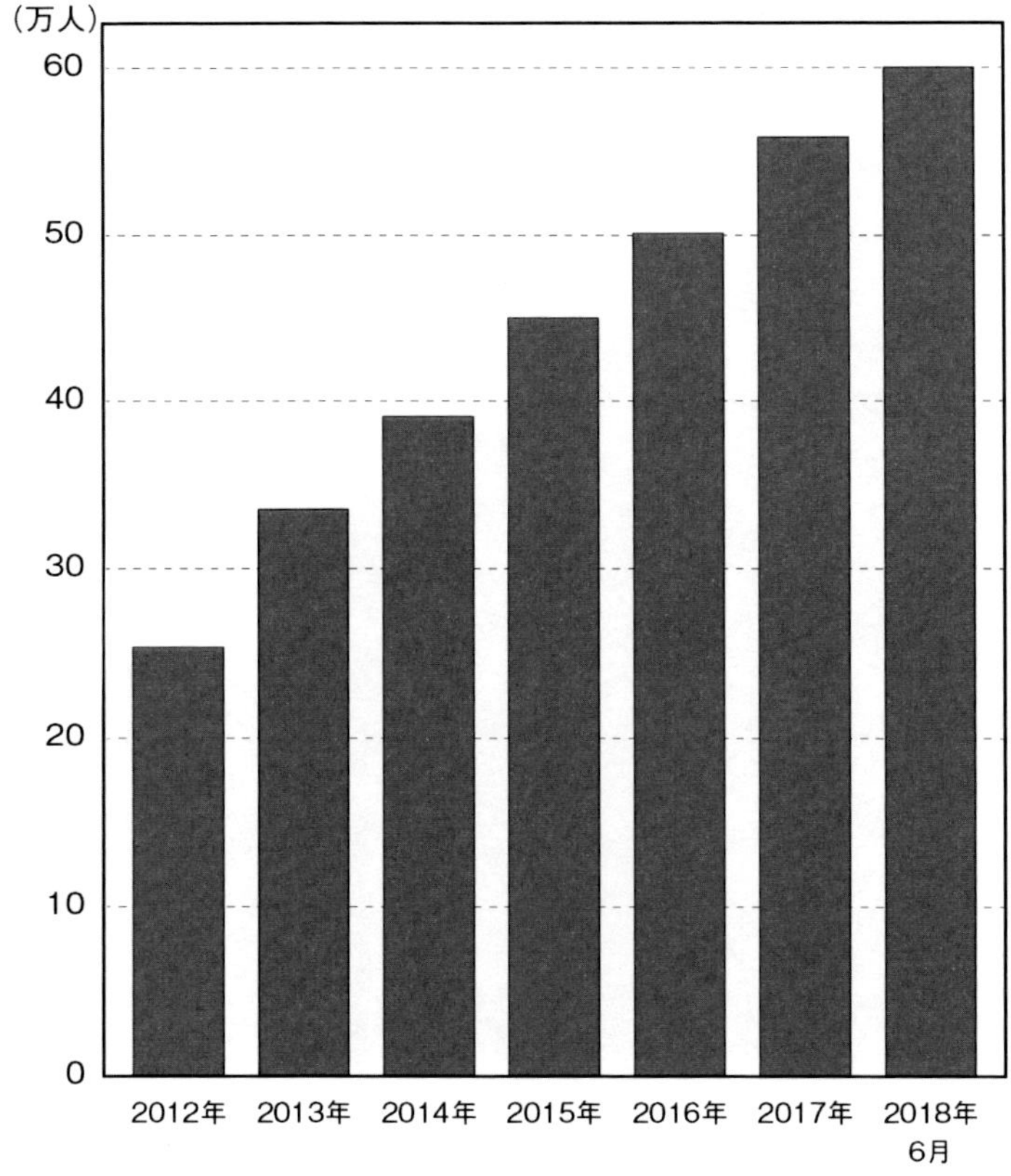

（出所）日本経済新聞（2018年6月7日）

つひとつの記事が長い。その観点で日本の有力一般紙を見ると、比較的インテリ読者が多いと言われている朝日新聞でも高級紙と言えるほどの鮮明な特徴を持ってはいない。明治時代の新聞の解説で述べたように、日本の有力紙は、もともとインテリ層向けの大新聞《おおしんぶん》と大衆向け小新聞《こしんぶん》の折衷、すなわち〝中新聞〟化により大部数を持つ新聞に発達してきた。したがって、経済紙以外の日本の新聞のデジタル化にはよほどの工夫が必要となるだろう。

朝日新聞デジタルの購読料は税込3800円、デジタル毎日は税込3450円である（いずれも紙の新聞をとらない電子版のみの場合）。ともに日経と同様、紙面をそのまま再現するデジタル紙面とウェブ形式の両方を用意している。従来から紙の新聞に慣れている場合はもちろんのこと、そうでなくても、面的に割り付けられた紙面をざっと眺めてから、これはという記事を選んで読むという使い方ができる。すべての記事ではないが、紙面ビューアーの記事をクリックすることでウェブやテキスト表示の記事に瞬時に移動して、読むこともできる。筆者の場合、紙面ビューアーの記事は、紙と同じ見た目でありながら、自由に拡大して読めるのがいちばんありがたい点だ。しかし、長い記事や、レイアウトが不定形の記事などはウェブ形式で読む方が読みやすい。

なお、地方紙の多くが採用している電子版は、紙面ビューアー方式のみとなっている。〈図表3-1-2〉

図表3-1-2　新聞電子版（デジタル版）のメリット

○紙面ビューアーでは紙の新聞のイメージのまま読める。 ・紙よりも早くページをめくれる。 ・ズームして大きな字で読める。 ・範囲の感覚を保てる ○紙面ビューアーとウェブを行き来して同じ記事を読める。 ○ソーシャルメディアにシェアできる。 ○記事検索ができる。 ○他県の地方版を読める。 ○連載記事（コラム、小説など）を連続して楽に読める。 ○注目する記者の一連の記事を見ることができる。 ○紙面に載っていない詳細、写真、動画などを見られる。 ○ウェブならではの表現の記事が見られる。 ・動画、インフォグラフィックスなど ○記事保存（スクラップ）が簡単にできる。

（注）新聞によりあてはまらない項目がある。

（出所）校條諭作成

宅配と大部数の成功が新聞の変身の足かせに

新聞がネット社会の新しい波に乗り遅れている原因は、過去の成功そのものにある。成功しすぎた会社が産業構造の変化に適応できずに没落する例がさまざまな分野にあるが、新聞業界もその例外ではない。

新聞が我が世の春を謳歌できた大きな要因と言えば、網の目のようにきめ細かく配置された宅配制度が思い浮かぶ。それによって実現した大部数が、分厚い中間層に向けた消費財の広告を引き寄せた。ただし、宅配は日本独自ではない。実際ウォルト・ディズニーは小学校の6年間、毎日早朝に起きて新聞配達をしたと伝記に記されている。父親が新聞販売店を営んでいたのだ。日本では、人口密度が高いという優位性がある上に、特定の系列の新聞だけを売る専売店方式で強力なプッシュによる販売実績をあげた。そうして、人口はアメリカの半分なのに、アメリカと同じくらいの部数を実現するに至ったのである。

そのような強みを持つ新聞社ほど、ネットでの展開、特に電子版を有料で売るビジネスに及び腰にならざるをえない。ひと頃は1000万部を発行していた読売新聞がその代表例である。読売のデジタルコンテンツはあくまでも紙の読者向けのプレミアムサービスであって、紙をとらないですむ電子版を発行していない。

読売をはじめとする有力紙が、もし、いま紙をやめてしまって、有料電子版のみにしたらどうなるだろうか？　おそらく、大半の読者は、ヤフーニュースなどの無料ニュースメディアでじゅうぶんとばかりに離れてしまうのではないだろうか。２章で、高級紙と大衆紙の折衷路線〝中新聞〟によって、日本の代表的な新聞は数百万部という規模に成長したと述べた。そのうちの多数の読者は、社説や深掘りした記事や長い解説などはなくてもよく、簡潔にまとめられた日々のできごとがある程度わかればいいという意識だろう。少なくとも３０００円以上もする値段では多くが逃げてしまう。

読者と直接つながってこなかった新聞

確かに、紙の新聞の大部数の実現には宅配という販売方式が功を奏した。しかし、そこで改めて気づかされるのは、新聞は世帯メディアであり、新聞社は読者個人と直接つながってこなかったということである。それに対して、たとえばアマゾンのようなＩＴ系の企業は、会員の購買履歴を蓄積したデータベースを構築して、個々の会員の趣向に合わせて直接メッセージを送ったり、ウェブ上でおすすめ商品を提示したりして、個人との日常的な関係づくりに注力してきた。新聞社は電子版ではじめてそのような経験をもち始めている。

2節　無料キュレーションメディアが多数参入

図書館司書や美術館の学芸員のことをキュレーターと言う。キュレーションする人、すなわち、どんな本や作品を選んで購入するか、並べるかなどを考える仕事である。ニュースメディアの場合、キュレーションとは、さまざまなニュースメーカー（製造者）、つまり新聞社や通信社、雑誌出版社などから配信されるニュースというコンテンツを評価・選択することだから、基本的な意味は同じだ。

２００８年に開始したヤフーニュースは、元祖キュレーションメディアである。たくさんのニュースメーカーから記事の配信を受けて、掲載する記事を選んでいる。

ヤフーニュースが始まった頃は、まだスマホは普及していなかったので、読者はパソコン経由が中心だったが、２０１３年頃から続々と登場したニュースメディアの多くは、スマホアプリを中心に据えるようになった。スマートニュース、ニューズピックス、ラインニュース、グノシーなどが閲読のためのアプリを開発して続々と参入した。

ニュースは継続的にアクセスをかせぐコンテンツ

なぜ、なだれを打ってニュースメディアが増えているのか。それは、常に新しい、変化する話題を提供するコンテンツ、つまり、継続的に見られてアクセス数がかせげるコンテンツ、それがニュースだからである。誤解を恐れずに言えば、事件や事故でさえ、直接関係ない読者にとって、その多くは暇つぶしネタであり、エンターテインメントの要素さえある。ニュースを載せることがアクセス数をかせぐことになって、読者には無料で読ませても広告収入を得ることができる。しかも、そのニュースは、自分でつくらずに配信を受けるという方法で仕入れが容易にできるわけだから、ニュースメディアへの参入障壁は低い。

新聞社あっての新興ニュースメディア

日々のニュース記事のいちばん有力な仕入元は、取材力を持つ新聞社である。新聞社は新興のメディアにはない強力な取材網を持っているので、事件、事故や行政の動きなど幅広いニュースをキャッチして記事にすることができる。

ヤフーニュースと神奈川新聞が相互に社員を出向させたことがある。ヤフーニュースの編集部員は出向を経験したのち、新聞の現場で学んだ最も大きなことは何かという問いに対して次のように回答している。「日頃何気なく見ていた記事が、実は1行1行に大変な労力がかけられている、ということです。街ネタの短いニュースでも、まずそれを書くべきか否かという判断があり、それを当事者からどう引き出し、いかに読ませる記事に仕上げるかという点に、新聞ならではの高度な技術が盛り込まれていることを、身をもって知りました。」(news HACK by Yahoo!ニュース、2018年7月13日「記者になって取材現場から見えたもの」【Yahoo!ニュース トピックス編集部→神奈川新聞・出向社員インタビュー】より)

新聞社の多くは、そのような手間をかけて製作した記事を従来の紙の新聞に載せるだけでなく、社によって異なるが、自社の電子版に掲載し、同時に、さまざまなキュレーション型のニュースメディアに記事を配信して通信社化している。後者は、いわばニュースのバラ売りである。そして、実は、新聞社の電子版サイトよりも、ヤフーニュースなど有力な新興ニュースメディアのほうがアクセス数も多く、そこに掲載されることは、新聞社にとって自社の電子版に読者を多数誘導してもらえる効果がある。新聞社とニュースメディアにはもちつもたれつの関係が成立している。

〈図表3-2-1〉

図表3-2-1　ニュースメディア市場の構図の変化

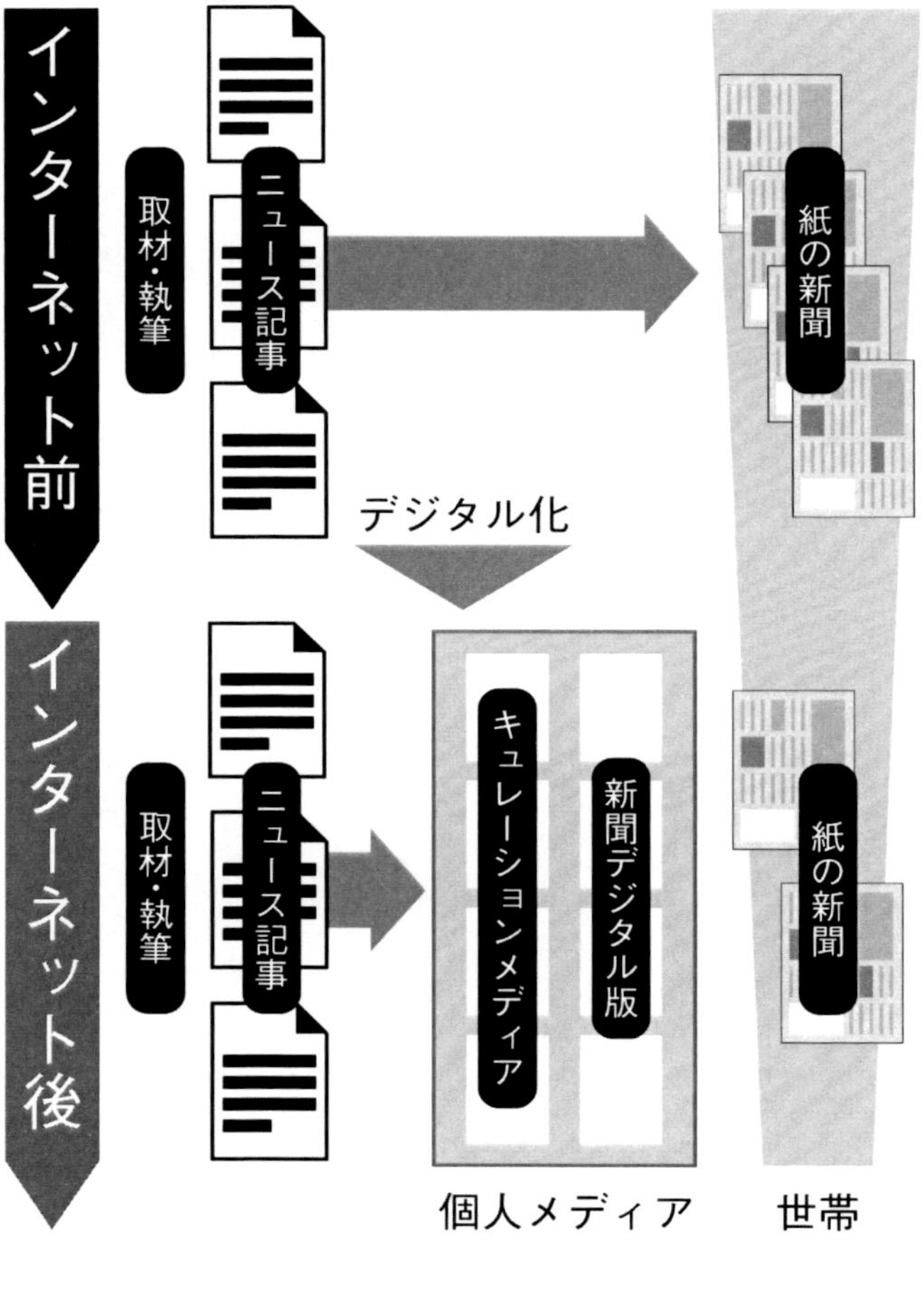

（出所）校條諭作成

どのニュースメディアを選ぶか

新聞をとっていない人に、その理由を尋ねると、ニュースはネットで無料で読めるから、あるいはどこでもスマホで読めるから、という答えが多い。では、どのニュースメディアを選ぶか？

2010年頃より前からネットを使っていた人は、ヤフーのようなポータルサイトに親しんでいて、ブランドとしても広く知られているヤフーのニュース「ヤフーニュース」を選ぶかもしれない。あるいは、同級生や友人、家族とLINEのメッセージをやりとりしている人は、「LINEニュース」が目に入ってだんだん親しんでいくかもしれない。

テレビCMで「スマートニュース」がクーポンチャンネルを開設したことを知った人は、手元のスマホでスマートニュースのアプリをダウンロードするかもしれない。

経済やビジネスのニュースをバランスよく読みたいが、4000円以上する日経電子版を購読する気はしないという人は「ニューズピックス」を選ぶかもしれない。

シェアが短期間に動きにくい宅配による新聞の時代と異なり、新旧ともにメディアは読者の選択が振れやすく、シェアが変動しやすい時代に入った。

ネットのニュースメディアは新聞の代わりになるのか

紙の新聞は記事に大小をつけて見せているが、ネットのニュースはそうではないと言われる。果たして、そう言い切っていいか。

紙の新聞は1日1回ないし朝夕の2回発行されている。つまり締め切りを設けて、ニュースのテーマと重要性の判断に従って紙面に割り付けている。読者は、1面トップや社会面トップの記事を見ることによって、新聞社が社会的に重要と判断しているテーマを知ることができる。それを見て、重要なニュースなのだと認識することもあるし、逆に、ちょっと扱いが大きすぎるのではないかと感じることもあるだろう。テーマの重要性について自分なりに考察できるのも、新聞社が大小を示してくれているからだと言える。

では、ネットニュースではどうか？　先にあげた代表的4メディアに関して言えば、どのメディアもトップページで8項目前後にしぼった主要ニュースの見出しを載せている。確かに、その8項目前後の見出しは同じ大きさではあるが、たくさんのニュースからわずか8項目程度にしぼって掲げているというのも事実である。その他のニュースは、ジャンルごとに選ばれたものが載せられている。これは、大きく捉えて新聞と違うと言えるだろうか。

意外にも、どのメディアも、いかにもアクセス数の低そうな国際関係とか政治のニュースもあえて入れているという印象を受ける。実際、たとえば、LINEニュースの島村編集長はジャーナリストの藤代裕之氏の質問に対して「多くの人に興味がなくても公共性の高いものを選ぶようにしている。」と答えている（藤代裕之『ネットメディア覇権競争　偽ニュースはなぜ生まれたか』光文社新書、2017年刊）。

ネットニュース自体、どんどん変化している面もあり、旧来の新聞対ネットという図式で思い込まないほうがいいように思う。

ネットニュースのパイオニア、ヤフーニュース

以下、ヤフーニュース、スマートニュース、LINEニュース、ニューズピックスの4大新興ニュースメディアについて、その概要をスケッチする。

スマートフォンが普及し、新しいニュースメディアが続々登場する中でも、〝王様〟ヤフーニュースの地位は揺るがない。毎月150億ページビューものアクセスがあるという。

ヤフーが検索サイトにニュース記事を載せるようになったのは1996年からとかなり早い。ロイター・ジャパンとウェザーニューズと提携して記事配信を受けるようになった。ロイターは海外

ニュースだけでなく、毎日新聞の記事も配信した。

その後、配信元として新聞社、通信社、出版社、オンラインメディアなどを幅広く加え、現在の提供メディアは、提供社数約200、メディア数にして約300に達している。国内ニュースの場合で約80、国際ニュース約60（うち国内との重複を除くと25）をはじめとして、経済、エンタメ、ITなど各分野に多数の有力メディアをそろえている。既存の大新聞が入っているかどうかをみると、軒並み加わっている中で、日経新聞だけが入ってないのが印象的である。

こうしてヤフーニュースは、1日に約4000件のニュース配信を新聞社などから受けて、そのうち約100件をジャンル別に分けて掲載している。そのうち、トップに載せるにふさわしいと編集部が判断したものだけがトップページの8項目に選ばれる。

影響力絶大、ヤフーニュースのトップ8項目

ヤフーニュースが現在のスタイルでニュースを掲載するようになったのは2008年のことだった。トップページに、パソコンもスマホも8項目の見出しが並んでいる。掲載項目は1日のうちで随時更新される。

パソコンではトップ8項目の主要ニュースのほか、国内、国際、経済、エンタメ、スポーツ、I

T・科学、地域といったカテゴリーに分かれて、各ジャンルにまた8項目が選ばれていて、そのほかたくさんのニュースが並んでいるページも開けるようになっている。

スマホアプリでは、カテゴリー区分が多少異なっており、しかもカテゴリーの表示順を、「主要」以外、好きなように変えることができる。初期設定では、主要、都道府県、テーマ、エンタメ、スポーツ、速報、経済、国内、IT、地域、国際、科学、オーサー、映像となっている。このうち、「都道府県」については、自分がいる場所によって変わる「現在地」や任意の地域を指定しておくことができる。「テーマ」では、自分の関心のあるテーマを選んでおくと、その趣旨に合ったニュースが随時表示される。

アクセス数だけでなく公共性でも記事選択

ヤフーニュースは、スポーツやエンタメのように多くの人々の関心が集まる、社会的関心の高い「読まれる記事」だけでなく、アクセスがあまり期待されなくても「読んでほしい記事」をきちんと入れることにしている。編集部で「公共性」と呼ぶ、政治や経済、防災など社会に伝えるべき重要度の高いニュースである。その意味では、従来のマスメディアと同様の公共的な役割を担うジャーナリズムとしての姿勢を持っている。

公共性と社会的関心を大きな柱として、個々の記事を選ぶ上でのポイントは次の7つである（news HACK by Yahoo!ニュースによる）。

1. 速報性・時事性・今日性（事実が起きてからの鮮度、タイムリーであるか）
2. 真実性・信頼性（虚偽が含まれていないか、信頼に足るか）
3. 新奇性（目新しいことか、珍しいことか）
4. 公益性（多くの人の利益につながるか）
5. 認知度（より多くの人が知っているか、関心があるか）
6. 表現力（内容が多くの人が理解できる表現か）
7. 品位（誰が見ても不快感を抱かないか、誰かを中傷していないか）

ある日のヤフーニュースのトップを見てみると、次のような8項目が並んでいる。

2025年万博は大阪に決定（トップ。写真に白抜きタイトル）
オオサカコール 沸いた道頓堀／日産社長 社員宛て文書で憤り／千葉の切断遺体 息子を逮捕／パキスタンで爆発30人死亡／仏杯女子SP 三原が首位発進／M-1優勝なし 塙宣之が審査員／仮面女子神谷えりな涙の卒業（以上7項目はサムネイル写真とタイトル）

このように、ヤフーニュースのトップ項目は、公共性と社会的関心の両方の項目が含まれる並びになっており、従来の新聞の1面とはまったく違うことがわかる。新聞の場合は、政治や経済の大きな動きが中心で、「仮面女子神谷えりな涙の卒業」などというニュースが1面に載ることはない。神奈川新聞からヤフーニュースに出向する機会を得た記者は次のように語っている。

「Yahoo!ニュース トピックスはエンタメやスポーツのような社会的関心を集めるニュースで読者を引きつけ、そうした公共性の高いニュースに誘導する工夫をしていました。硬軟のすみ分けをはっきりさせ、読者に寄り添いながらも、迎合はしない編集を貫いています。テクノロジーを駆使しつつ、新聞社、放送局、出版社出身者らの目利きがしっかり働いているからこそ、なせる技でしょう。」（news HACK by Yahoo!ニュース、2018年9月7日「さあ、もう一度頑張ろう」新聞社からヤフーに出向して考えたこと【神奈川新聞→Yahoo!ニュース トピックス編集部・出向社員コラム】）

ネットならではの機能として関連リンクがある。「どのような関連リンクを置くかは、編集者の腕の見せどころ」だという（news HACK by Yahoo!ニュースより）。過去の関連記事や補足情報はもちろん、動画やデータ資料といったさまざまなリンクを付加している。また、朝日新聞社との共同企画連載「平成家族」を手始めに、配信元と連携した議題設定型の記事にも取り組んでいる（news HACK by Yahoo!ニュース、2018年9月7日「さあ、もう一度頑張ろう」新聞社からヤフーに出向して考えたこと【神奈川新聞→Yahoo!ニュース トピックス編集部・出向社員コラム】）。

ＬＩＮＥニュースもバランス志向

友人や家族とのメッセージアプリで圧倒的シェアを誇るＬＩＮＥは、２０１３年にＬＩＮＥニュースを開始した。２０１７年３月には月間アクティブユーザー数が５９００万人を突破し、いまやヤフーニュースに次ぐ有力ニュースメディアとなっている。

注）「ＬＩＮＥ」アプリ内のニュースページ（ニュースタブなど）、および「ＬＩＮＥ ＮＥＷＳ」アプリ、「ＬＩＮＥ ＮＥＷＳ」ウェブページにおける月間ユニークブラウザー数の合計。２０１７年３月時点。

高校生など若い人たちが家族や同級生とＬＩＮＥでやりとりしているさまを連想すると、ＬＩＮＥニュースは芸能・エンターテインメント寄りの軽いニュース中心ではないかという先入観を持ってしまうが、意外にも社会志向の路線である。ただし、硬いニュースもできるだけわかりやすく伝えていこうという姿勢を感じる。「実はニュース、そしてニュースを見たいというユーザーのニーズ自体は変化しません。今、変わらなければいけない、進化しなければいけないのは「ニュースの受け取り方」。「ＬＩＮＥ ＮＥＷＳ」は「やさしいニュース」という視点で、「ニュースの受け取り方」にイノベーションを起こし、Ｎｏ．１ニュースサービスを目指してまいります。」（ＬＩＮＥサイト

での発表、2013年7月18日）

クーポンチャンネルで集客、自動記事選択のスマートニュース

スマートニュースは2018年3月、ニュースのカテゴリー（チャンネル）の中に「クーポンチャンネル」を設置した。全国約2万の飲食店、レストラン、コンビニのクーポンを毎日更新して載せている。テレビコマーシャルも積極的に打ち、開始1か月後には1億ページビューを突破したと発表した。当然ニュース記事への誘導もねらっていると思われる。

スマートニュースがスマホ向けアプリでサービスを開始したのは2012年だった。それが、2018年5月には日米合算で3000万ダウンロードを突破したという。また、スマートニュースは同年7月、月間アクティブユーザー数（MAU）が日米合算で1000万人を突破したと発表した（同社サイトより、2018年7月17日）。日米の割合は発表されてない。2014年12月は400万人だったので、3年半で600万人増加したことになる。ニュースメディアでは、ページビューでアクセス数を発表するところが多いが、スマートニュースでは、実際に使われた人数を示す指標として、アクティブユーザー数を重視しているという。

スマートニュースは編集部を持たない。ヤフーニュースと同様、多数のニュースメーカーから配

信を受けているキュレーションメディアであるが、人間ではなく、コンピュータソフトが一定の手順（アルゴリズム）に基づいて自動的にニュースを選んで掲載しているところに大きな特徴がある。もちろん、アルゴリズムを決める基準は人間が与えていると思われるので、メディアとしての基本ポリシーは必要だし、それがあるということなのだろう。

『ネットメディア覇権競争』の著者で前出の藤代裕之さんは、「スマートニュースが他のニュースアプリと異なるのは、新しい民主主義のプラットフォームとして公共性を担っていくと、正面切って主張している点だ。」と言う（藤代裕之『ネットメディア覇権競争　偽ニュースはなぜ生まれたか』光文社新書、２０１７年刊）。実際、スマートニュースのサイトでは、「世界中の良質な情報を必要な人に送り届ける」のが使命だと宣言している。「みんなが読んでるニュースをバランスよく読みたい」というニーズに応えるとのことである。

スマートニューススタート後の初期の頃から加わって、対外的に同メディアのポリシーを発信したりメディア論を語ってきた藤村厚夫さんの講演を聴いて、筆者が、スマートニュースは何をめざしているのかと問うと、「多様性ある社会づくり」という意味の回答が返ってきた。

良質のコメント、ニューズピックス

ニューズピックスはIT企業ユーザベースの事業として2013年に始まった。同社のメイン事業は「経済情報の検索プラットフォーム」である。ニューズピックスの基本性格はキュレーションメディアであるが、最近は配信によらない自社製作のオリジナル記事を増やしている。配信記事、オリジナル記事共にコメントがつけられていて、配信記事とコメントを読むだけなら無料である。オリジナル記事も読もうとすると有料（月額税込1500円、iOSの場合は1400円）の会員登録が必要である。

個々のニュース記事は、アイキャッチの写真と見出しが見えているだけで、コメントの書き出しの部分が目につく。コメントは、プロピッカーと呼ばれる公式コメンテーターを中心に、一定水準のものが上位に並んでいるので、比較的安心して読める。ニュース記事を読んだ上で、多様な視点の見識あるコメントを読むと、当該テーマについての理解が深まることが実感できる。

もちろんプロピッカーといえども、熟慮の上でなく反射的にコメントをすれば底の浅い意見になってしまうこともあるし、また、どんなテーマについてでも高い見識を有するというわけはないので、通俗的な決めつけや思い込みで書いているケースも見受けられる。自己に疑いを持たないインテリの偏見ほど始末の悪いものはない。とはいえ、そういうものがまざるとしても、他のコメンテーターや読者の批判にさらされながら修正されていくという楽観論が前提になっているのであろう。

ここで注意すべきは、ニュースの性格にもよるが、ニュースの本文を読まないままコメントをいくつか読むと、記事の内容も想像がついてしまい、記事を開かないですませてしまうこともありえる点である。ちょうど、ツイッターにおいて、投稿に添えられているリンクの元の記事を開かない人が約3分の2を占めると言われているのと似ている。〈図表3-2-2〉

オリジナル記事で有料会員獲得

ニューズピックスでは、有料会員を獲得していくために、自作のオリジナル記事を柱として育てている。ただし、新興ニュースメディアゆえ、旧来の新聞社のように、たくさんの記者をかかえて、記者クラブに常駐したり、現場を歩いたりして取材活動をする体制はない。そのため、オリジナル記事の多くはインタビューものが中心であるが、このところは編集部による解説記事や取材記事も増やしつつある。全体として、どの話題も、ヒューマンストーリーという性格を中心に置いているように見える。

図表3-2-2『ニューズピックス』の事業の構成

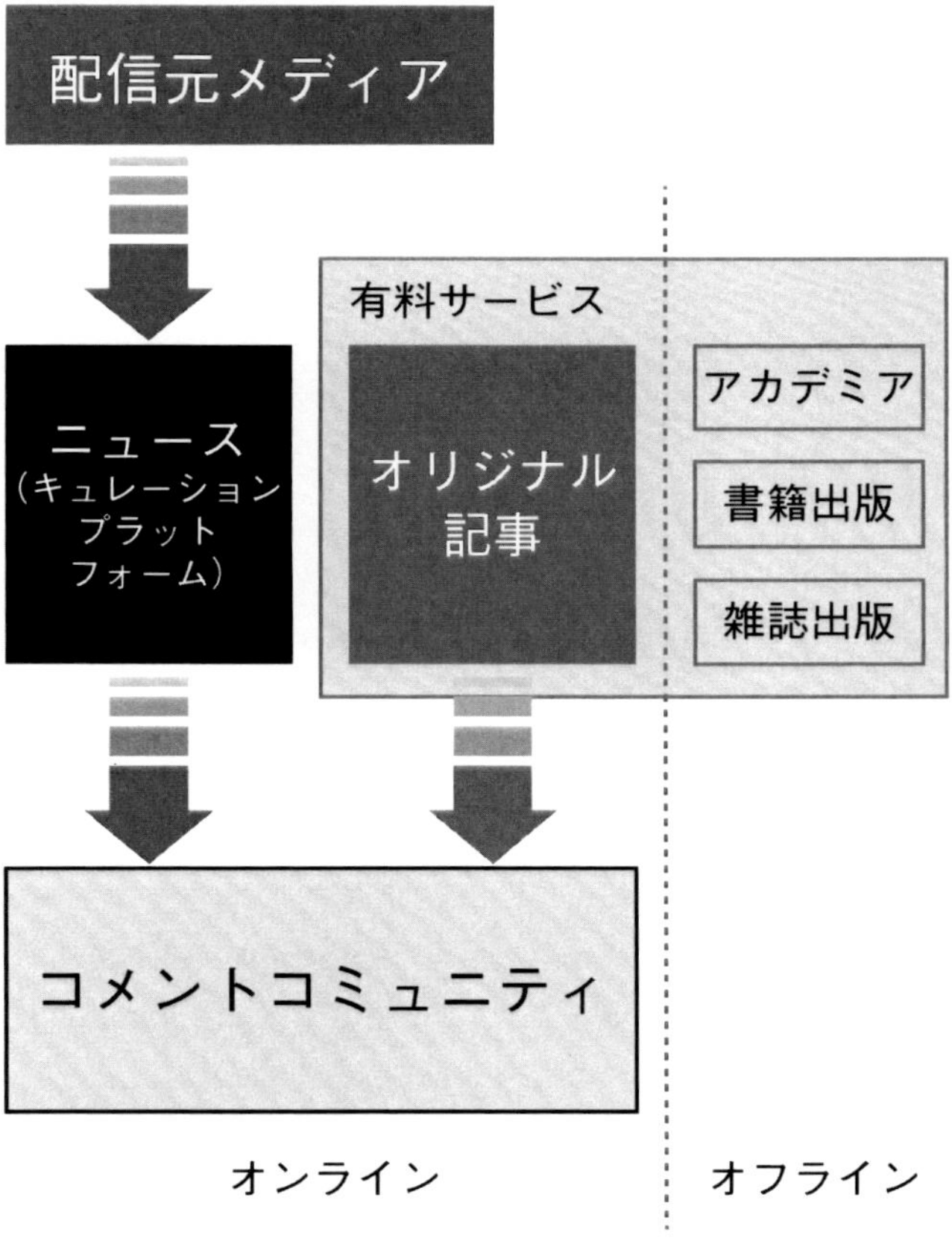

（出所）校條諭作成

オリジナル記事は雑誌の特集のような打ち出しをして、長くても読みやすい。スマホは長い記事に向かないというのは思い込みであって、おもしろければ長い文章もスマホで読まれると佐々木前編集長は言う。そのようなオリジナル記事への注力が有料会員の拡大につながって、現在では契約者が7万人を超えてている（2018年2月現在。佐々木紀彦「編集長退任の報告と、CCO（チーフコンテンツオフィサー）としてやりたいこと」〔ニューズピックス、2018年4月2日〕による）。

〝民放型〟のビジネスに、新興ニュースメディアの大半が傾斜している中で、独自の特徴を打ち出し、自前のオリジナル記事や、技術に裏打ちされた新しいサービスを開発して、その利用者から直接お金を取る路線を追求しているのが、ニューズピックスだと言える。

現代の時事新報？　メディアイノベーションをめざす

2018年3月にニューズピックスの編集長からCCOに異動した佐々木紀彦さんの前職は東洋経済オンラインだった。2012年に編集長として起用されて、オンライン経済メディアとして群を抜くアクセス数を実現した実績を持つ。そんな佐々木さんが東洋経済を飛び出し、現在は編集にとどまらず、メディアそのもののイノベーションをめざしているように見える。

編集長のときに幻冬舎と組んですでに始めていたニューズピックスアカデミー（実際の会場で開

催）やそれにシンクロさせた紙の本の出版、さらに、雑誌「ニューズピックスマガジン」の刊行というように、オンラインとオフラインの両面にまたがる展開を矢継ぎ早に進めている。２章２節で、佐々木さんが時事新報の成し遂げた実績としてあげている10項目を引用したが、昨今のニューズピックスの取り組みを見ると、時事新報の取り組みの現代版を実行しているようにも見える。佐々木さんは、今後、「オリジナルコンテンツ全体の統括」、「マルチメディア展開（とくに映像）」、「新たなビジネスモデルの開拓」の３つに取り組んでいくという。新興ニュースメディアの中で、キュレーションによる広告メディアにとどまらないユニークな路線を歩んでおり、近未来ニュースメディアの注目株である。（佐々木紀彦「編集長退任の報告と、ＣＣＯとしてやりたいこと」（ニューズピックス、２０１８年4月2日））

なお、ユーザベースは、２０１８年7月、アメリカの新興ニュースメディア、クオーツ（Quartz）の買収を発表した。

3節　マスメディアとソーシャルメディアの拮抗と連動

「新聞」は死語になる?!

キュレーションメディアの読者の多くは記事の作成元を気にしないだけでなく、それがニュース、つまり事実の報道なのか、解説なのか、意見・オピニオンなのかもあまり区別しないで見ていることが往々にしてある。ツイッターやフェイスブックで誰かが紹介しているニュースを中心に見る場合には、アイキャッチでニュース源が認識できることが多いが、キュレーションメディアで見る場合には目立たないように表示されていることが多いので目につきにくい。

事実報道以外の解説記事やオピニオン記事も競合が激しく、現代ビジネス、文春オンライン、ニューズウィーク日本版、東洋経済オンライン、ダイヤモンドオンラインといった雑誌系の有力ネットメディアもあり、ジャンルごとの専門サイトや個人ブログなども多数登場している。２０１２年に開始したネットメディアの東洋経済オンラインは、２０１６年9月にアクセス数2億ページビューを達成して、経済ビジネス系のトップを走っている。東洋経済オンラインは週刊東洋経済の電子版ではなく、独立のネットメディアであり、無料で読むことができる。これらは、新聞社のニュースや解説記事とフラットな横並びで選択対象になってしまう。しかもこうした選択対象の大半は無料である。雑誌系とはいっても、日々どんどん話題を更新しているので、ネット上では、いまや新聞と雑誌という区別も薄れてきている。宅配の新聞とは、新聞の存在感が天と地ほどに違っている。メジャーもマイナーもすべて横並びにしてしまうインターネットの大海原の中で、新聞の独自価値を増すための〝雑誌化〟が自ら競合相手を増やしている面もある。

総オピニオン現象、ニュース記事を読者が拡散

ツイッターやフェイスブック、ブログといったプラットフォーム（コンテンツを相乗りで載せるネット上のしくみ）を通じて、膨大な数の個人がオピニオン（意見）を表明するようになった。まさにオピニオンの百家争鳴現象、総オピニオン現象が常態化している。

「事実報道」を主体とするニュースメディアを見ても、総表現時代のニュース記事の読者は、マスメディア一強の時代に読み手にとどまっていた読者とは明らかに違って、ニュース記事を題材に、コメントないしオピニオンを発信、拡散している。つまり、ニュース記事がソーシャルメディアでの発言のための「ネタ」となって、ニュース記事を囲むコメントコミュニティが成立している。その発言者の意図がどうであれ、結果的に、プロの書くニュース記事に、一般個人が追加発信者として

連なっていることになる。言い換えれば、個々人が「報道システムの一部に組み込まれている」（松林薫『「ポスト真実」時代のネットニュースの読み方』晶文社、2017年刊）。まともなニュースだろうがフェイクニュース（偽ニュース）だろうが、どちらもこのメカニズムで流れる。

明治初期の三位一体コミュニケーションの再現

ここで思い出されるのは、先に紹介したように、このような、現在広がりつつあるニュースメディアを軸とした読者コミュニティの原点が明治初期にあったということである。つまり、今の状況は、明治初期のごく限られた階層内の、メディア（新聞）を軸とした記者・読者・投書家の三位一体の構図が拡大されて再現されているということである。もちろんかつてと同じではなく、インターネットによって、新しい方法と巨大な規模で再現されている。これこそが現在進行しつつあるメディア革命の構図であり、メディアの記事を軸としたネットコミュニティの形成、という状況である。広範な人々がそのようなコミュニティに参加できるというのは社会の進歩と言っていいだろう。しかし、そこでは誤解、誤読、あるいは意図的なフェイクニュースや誤情報の拡散という非常に困った問題も起きている。ソーシャルメディアで個人が語る言葉がリツイート（別のアカウントからの再配信）されたり、シェアされたりしていく拡散力には、決してあなどれないものがある。

どこで火がつくかわからない山火事現象

マスメディアが優勢の時代には、オピニオンリーダーがフォロアー（読者）に影響を与えていく構図が有力だった（社会学で言うコミュニケーションの2段階の流れ論）。インターネット登場後も、マーケティング活動の中では、アーリーアダプターやインフルエンサーの役割が期待されてきた。しかし、東大大学院工学研究科准教授の鳥海不二夫さんによれば、ソーシャルメディアが行き渡った昨今は、もう少しフラットになって、どこで〝火がつく〟かわからないような「山火事モデル」の構造になっている（鳥海不二夫「ソーシャルメディアの炎上と拡散　発信者と流通経路を見極めよ」、ジャーナリズム、朝日新聞社、２０１７年11月号所収）。

フェイクニュースには、アクセス数をかせいで広告収入が増えることをねらうような悪質なケースも目立つのだが、多くは思い込みとか誤解のもとでの、ちょっとしたウワサ話のノリだったり、単純な正義感によるものだったりする。

「デマ拡散６万回」というインタビュー記事が２０１８年2月の毎日新聞に大きく載った。台湾で発生した地震に関して集められた、テレビ朝日の「どらえもん募金」やフジテレビの「サザエさん募金」が、実は現地に届いていないとデマを書いた30代の男性にインタビューしている。この投稿は、思わぬ反響を呼んで計6万回拡散されてしまったという。その後、それがデマだとテレビで報道されて、30代男性の投稿者はツイッターで「事実無根だったと謝罪」したのだが、誰のしわざか、顔写真住所などの個人情報が公開されてしまった。「お前つかまるかもな」とか「震えて眠れ」「ざまあみろ」などの罵声も多数アップされた。普段は趣味の競馬の話題などを書いているだけで、無名の自分が書いてもほとんど影響ないだろうと、ほんの軽い気持ちで書いてしまったと、発信した男性は答えている。

最大のフェイクニュース、マスメディアによる戦争報道

一般個人の流す偽(フェイク)ニュースが問題になっているが、あえて言えば明治以来のマスメディアの歴史は、誤報、虚報といった偽ニュースの歴史でもある。科学的、論理的な捜査が確立していなかった時代、冤罪が相当程度混ざっていたことは想像に難くないが、新聞は当局の発表をうのみにして報道していた。しかも、人権やプライバシーの観念がろくになかったことから、被疑者の住所などの細かい個人情報も明記し、また、周辺取材により得た証言なども、検証することなく書いてしまうこともしばしばだった。

最大の偽ニュースは日中戦争から敗戦までの戦争報道だった。戦意高揚のため、事実を隠蔽した

大本営発表を、国から半ば強制されて、そのまま載せ続けたという面は確かにあった。しかし、それだけではなく、新聞が自発的に誇大な情報を載せ、国民の戦意高揚を煽ったという事実も忘れられない。日清、日露の戦争報道を通じて、戦争報道は部数をかせげるという経験を得たという背景がある。

たとえば、1905年（明治38年）1月3日付の東京日日新聞（現毎日新聞）の1面の大見出しは「祝旅順陥落」、サブ見出しに「大日本帝国萬歳（万歳）、大日本陸海軍萬歳」となっていて、報道というよりは政府広報と見まがうほどである。

終戦の前年、すでに敗色濃い1944年（昭和19年）10月29日付の朝日新聞は「神鷲の忠烈、萬世（万世）に燦たり」と神風特別攻撃隊（特攻隊）の初の出撃を賛美して報じている。「燦」は小椋佳作詞・作曲の歌「愛燦々」の燦であり、漢和辞典によると「あきらか」とも読む。鴻上尚史さんは『不死身の特攻兵　軍神はなぜ上官に反抗したか』（講談社現代新書、2017年刊）の中で、「軍の検閲があるからこういう記事を書いたというより、こういう記事を書いた方が国民が喜んだ、つまり売れたから書いたと考えた方がいいだろう。」と語っている。この話を取り上げた佐藤卓己さん（メディア論を中心とする社会学者）は、まさに「メディアの論理」だと言っている（中央公論、2018年9月号）。

裏付けを取ると言うけれど・・・

さて、単純な誤報は一定程度発生するのはやむをえない面もあるが、戦後においても、功名心にはやって記事を捏造するような意図的な偽ニュースは何度か発生してきた。冷静に考えれば露見する可能性の高い行為をどうしてしてしまうのか不思議だが、それほど他社を出し抜くスクープ（特ダネ）を放つことは魅力なのだろう。意図的ではないにせよスクープと誤報は裏腹である。典型的なケースは、全員が死亡した飛行機事故のときに、一時「全員無事」という誤情報が流れたのを受け、ある新聞は「危うく助かった○○氏」という写真付きの〝スクープ〟を放った。この場合は記者が捏造したわけではないが、裏付けなく関係者の談話を採用したため大誤報となってしまったケースである。

新聞は裏付けの取れない記事は書かないとよく言われるが、文字通りには受け取れない。たとえば、事件、事故のニュース記事は、通常、警察の発表をもとに書く。ありふれた交通事故の場合、いちいち事故の現場に行ったり当事者に取材したりなどしない。また、企業が記者クラブでプレスリリース（報道発表文）を配ったり記者会見を開いたりして、たとえばある商品の販売数が１００万個に達したと発表しても、当該企業に証拠データを求めたりはしない。

いくら大新聞でも、事件、事故の現場をすべて取材するのは無理である。また、特に大企業が記者クラブを通じて発表する内容にウソはないという前提に立たざるをえないこともわかる。しかし、一方で、新聞などのマスメディア向けに発表する企業の広報部門の仕事は「いかにウソをつくか」であると言われることもある。ウソはさすがにオーバーだが、いかに自社にとって都合のよい内容だけを大きく伝えてもらうかということに広報担当者は腐心している。

ＡＩに取って代わられる？

筆者自身が見聞きしてきた経験では、新聞記者の取材が浅く、どうしてもっとつっこもうとしないのかという歯がゆさを感じたことが一度ならずある。やや極端に言えば、プレスリリースの情報だけをもとに、５Ｗ１Ｈというワクを埋めることに汲々としているのではないかという印象を持った。本当に知りたいというよりも、記事の形になればそれでよしという安直さである。材料があって記事化するというパターンであれば、追ってＡＩが取って代わるのではないだろうか。

筆者自身の事業や活動について、新聞が取り上げてくれたこともよくあったが、「ちょっと違うんだよなあ」という違和感を持つことが多かった。それでも、載せてもらえるだけでもありがたいという気持ちから、いちいち指摘するようなことはしてこなかった。朝日新聞でニュースを伝える側にいた服部桂さんは「ニュースを伝える側が正しいと信じて伝えていることが、伝えられる側の意見と異なったり、伝えられる側の意図に反したりする場合がほとんどで、一つの出来事は映画「羅生門」のように見る者の立場で異なる、という現実をフェイクニュースという言葉が誇張しているにすぎない。」と語っている（服部桂『マクルーハンはメッセージ』イースト・プレス、2018年刊）。ニュースを伝える側と伝えられる側との間にズレがあることこそ当たり前であり、偽（フェイク）ニュースというのは、その極端なケースとして位置づけられるという意味であろう。

ソーシャルメディアという批判勢力の登場

「マスメディアはこれまで、出来事の当事者ではなく、伝える者として透明で中立性を保ち、第三者として読者や視聴者である公衆の立場で報じてきたはずだが、ネット時代にその立ち位置や関係性が揺らいでいることで、その透明性や中立性に色のついた偏ったものとして可視化され」たと服部さんは続けている。

誤報、虚報、掘り下げ不足については、新聞などマスメディア間の競争がある程度抑止効果を果たしてきた面があるが、インターネットの登場による総表現社会の進行によって、読者個々人が発言の場を得たことにより、はじめてマスメディアに対する厳しい批判勢力が形成された。そこでは、誤解や思い込みによる決めつけなど、行きすぎたマスメディア批判も多々発生しているが、受け手でしかなかった個人の発信を可能にしたソーシャルメディアが、マスメディアを牽制する大きな勢力となったことのメディア史的な意味は大きい。

マスメディア一強の終わり、ソーシャルメディアと拮抗

マスメディアは権力を批判するのが使命だと言われてきた。しかし、取材と発表の力がマスメディアに集中しているために、新聞を中心とするマスメディア自体が権力としての力を持つようになってしまった。マスメディアは第4権力と呼ばれるようになった。

筆者の印象だが、かつての新聞記者は尊大《エラソー》な態度の人が目立ったが、最近はずいぶん腰が低くなった。やはり、これは対抗勢力ができたということの影響が大きいだろう。以前だったら、不本意なことを書かれても泣き寝入りするしかなかったのが、いまではツイッターなどで誰でも発信してマスメディア批判をすることができる。そういう発信がマスメディア批判の潮流ともなって、一部ではマスコミならぬ「マスゴミ」呼ばわりするような感情的な行きすぎた現象も起きている。

これらは本来無名の個人でもマスメディアに対抗できるという話だが、トランプ大統領のように、有力マスメディアから批判を浴びてきた権力者個人がツイッターで発信して2000万人以上のフォ

ロアーを持つ巨大メディアと化している。これはインターネットが登場した頃にはまったく予想のつかないことだった。

私たちは生まれたときからマスメディアがどっかりと座っている時代に生きてきたので、それがあたりまえのようについ思ってしまうが、長い歴史の中では、マスメディアが支配した時代というのは、工業社会成立後の時代と重なる例外だった。〈図表3-3-1〉

こうして、今の時代は、マスメディアとソーシャルメディアが全体として拮抗する構図になっている。マスメディアは1対n（1対多）の単方向分配モデルで、ソーシャルメディアは、個々人がそれぞれ小さな対話の輪の中で対話、交流しているn対n（多対多）のモデルである。n対nとはいっても、小さな対話の輪が無数にあるようなイメージであり、ソーシャルメディアはその総体として巨大な規模となって、マスメディアに対抗力を持つようになってきている。

個人の発信がマスメディアに逆流

ソーシャルメディアによる個人の発信がマスメディアに届いたり影響を与えたりする回路は二通りある。ひとつは、個人がツイッターやフェイスブックに書いた発言やユーチューブに載せた動画が、直接マスメディアの目に触れる場合である。事件、事故などの場合は、たまたまその場に居合

図表3-3-1　マスメディア＋ソーシャルメディアへ

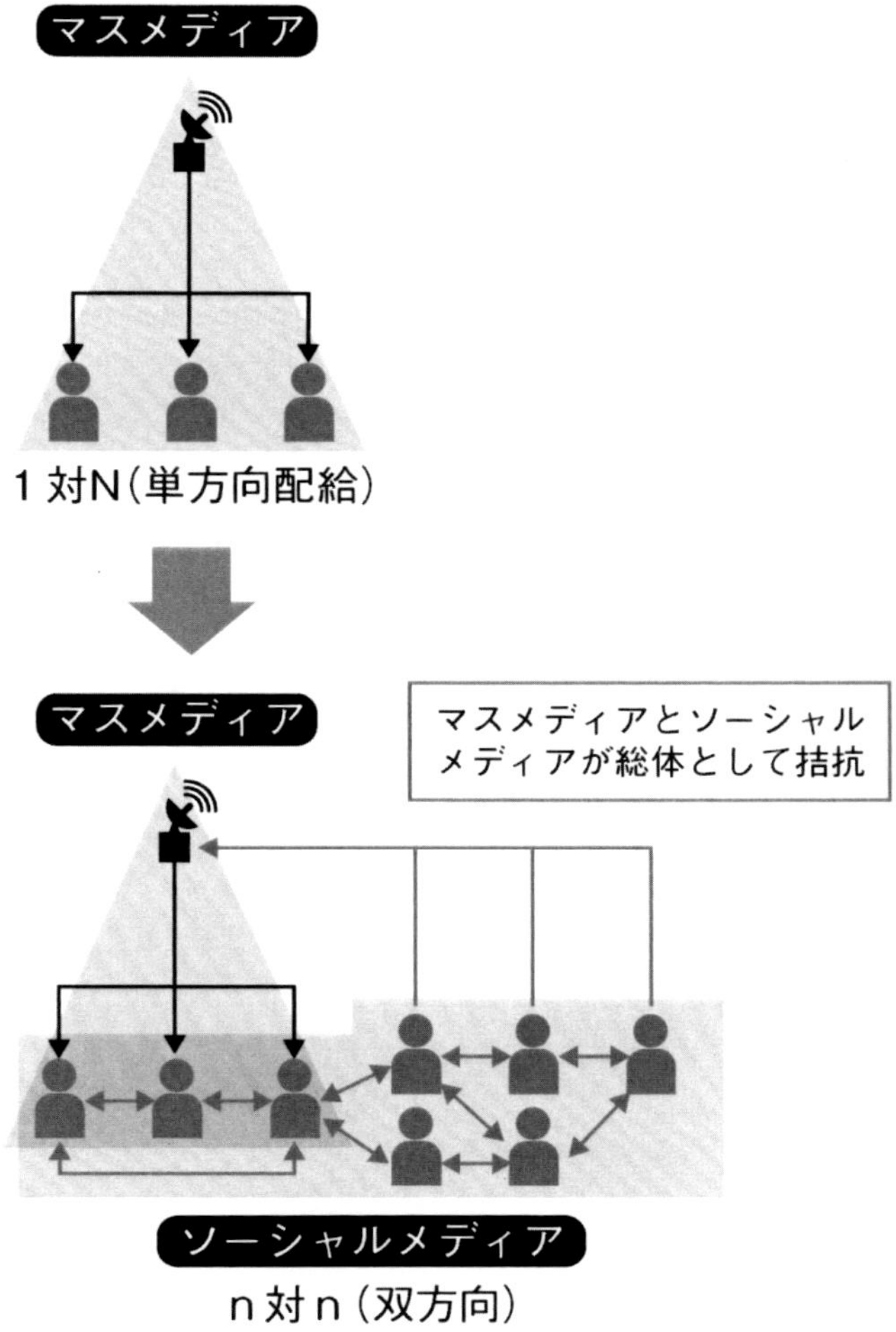

（出所）校條諭作成

わせた人の情報がいちばん迫力があるので、記者がツイッターのタグを検索するなどで、これはという情報を見つけて、発信者に利用を依頼するという方法が一般化してきている。依頼そのものがツイッターで行われることがしばしばで、マスメディアの記者と個人とのやりとりが可視化されているのも、かつてだったら考えられないことだ。

有名な例は、「ハドソン川の奇跡」という映画になった飛行機の不時着事故のケースだ。たまたま近くにいた人たちがスマホで写真や動画を撮って、ツイッターなどにアップしたものをテレビや新聞が流したのである。日本でも、最近、地震や台風などの災害が起きたときに、現地の住民が生々しい現場を撮影した動画や写真を、テレビが盛んにニュースで流した。事件、事故以外でも、さまざまな〝おもしろネタ〟をテレビが探して番組で活用するという現象があたりまえになっている。

ミドルメディアが媒介

もうひとつの回路は、前出の藤代裕之さん（ジャーナリスト、社会学者）が提示している概念で、ソーシャルメディアでの個人の発言が、「ミドルメディア」が媒介してマスメディアに届くというパターンである。ミドルメディアの例としては、著名人や専門家のブログ、有力論者のブログを集めたサイト、テーマごとにツイッター発言を選んで並べている「まとめサイト」などがある。ミドルメディアにより個人からマスメディアへの情報の逆流が起こることによって、「マスメディアが担ってきた情報の門番という役割・機能は失われ、上からの秩序的な情報の流通は崩壊した。そして、私と公が入り交じる不透明な言論空間が出現した。」と藤代さんは言う（藤代裕之『ソーシャルメディア論　つながりを再設計する』青弓社、２０１５年刊）。

いずれの回路かは別として、意見の対立する政治的・社会的課題をテーマとする報道に対して、一般個人や専門家などがソーシャルメディアで、厳しく糾弾するような意見を表明することがしばしばあり、中には炎上状態になることもある。マスメディアが、個人の意見表明やそれらへの同調の動きに対して過敏にならざるをえないのは仕方ないとしても、対立する論をうまく整理したり、それら論者の橋渡しをすることが本来マスメディアに望みたいことである。〈図表3-3-2〉

図表3-3-2　ミドルメディアによる媒介

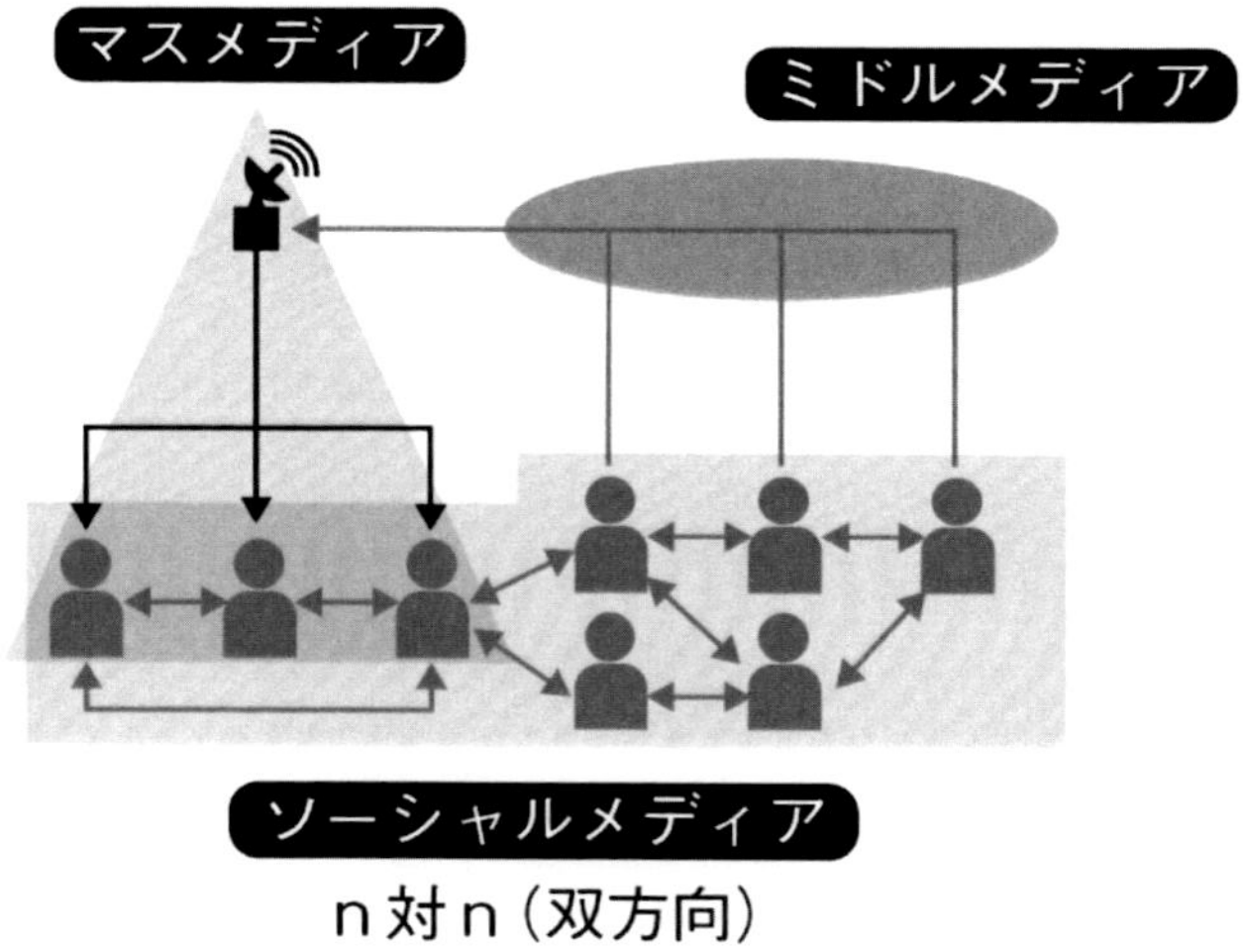

（出所）校條諭作成

4章　ニュースメディアの近未来

1節　ジャーナリズムの担い手としてのニュースメディア

これからのニュースメディアはどう発展していくのか

急速な高齢化、第4次産業革命など、現在の日本社会は、明治維新、敗戦に続く大きな変化の中にある。そのさなかを生きる私たちには何が起こっているのか見えにくいが、メディア革命が進行して、さまざまなメディアがせめぎ合っているのは確かである。読者・視聴者も受け手としてだけでなく、誰もが発信しうる総表現社会の主役になっている。

その中の、活字中心のニュースメディアに着目すると、新聞の地位が低下して、新しいメディアが台頭している。しかし、それを単に新旧の主役交代として割り切るわけにはいかない。なぜなら、新興ニュースメディアのニュースの多くは、新聞社を含む既成のメディアから配信を受けて、あたかも音楽配信サービスのプレイリストのように取捨選択して掲載しているからだ。もし新聞社が立ちゆかなくなったら、社会的に重要なニュースの取材に支障をきたす可能性がある。現にアメリカでは多数の地方紙がつぶれて、メディアの日常的な取材が及ばない空白地域が各地に出ている。

新聞社という組織を維持することではなく、新聞社が担ってきた取材と記事づくりの機能をどう維持するかというのが課題である。記者クラブの閉鎖性や、発表ジャーナリズム（官公庁や企業の発表に安易に依存する傾向）といった問題が長らく指摘されており、現行のままでいいということではない。しかし、いずれにせよ、新興ニュースメディアから入る配信料だけで、満足な取材体制を維持できるとは思えない。〈図表4-1-1〉

明治初期の新聞はすべてベンチャービジネス（起業家による創業）だった。起業家たちは、青雲の志を持って、使命感と情熱を革新的なメディア事業に注ぎ込んだ。これからのニュースメディアの市場はどのような形で秩序が形成されていくのか。社会性・公共性のある報道機関として、取材から記事づくり、発信までの役割を十全に果たすメディアが競う活力ある市場が形成されていくのか。また、明治の「未完の日本版〝コーヒーハウス〟」の後継たる、ニュースメディアを軸としたコミュニティはどう発展していくのか。これらの答えをずばり示すことはとうてい無理だが、近未来を設計していくための主な論点を提起しようと思う。

新聞の役割は続くのか

明治維新という近代化の扉が開き、新聞というニューメディアがマスメディアとして発展した。敗戦後、新聞はテレビ、ラジオとともに民主主義社会と大衆消費社会を支えるマスメディアとして黄

図表4-1-1　取材体制は維持できるのか？

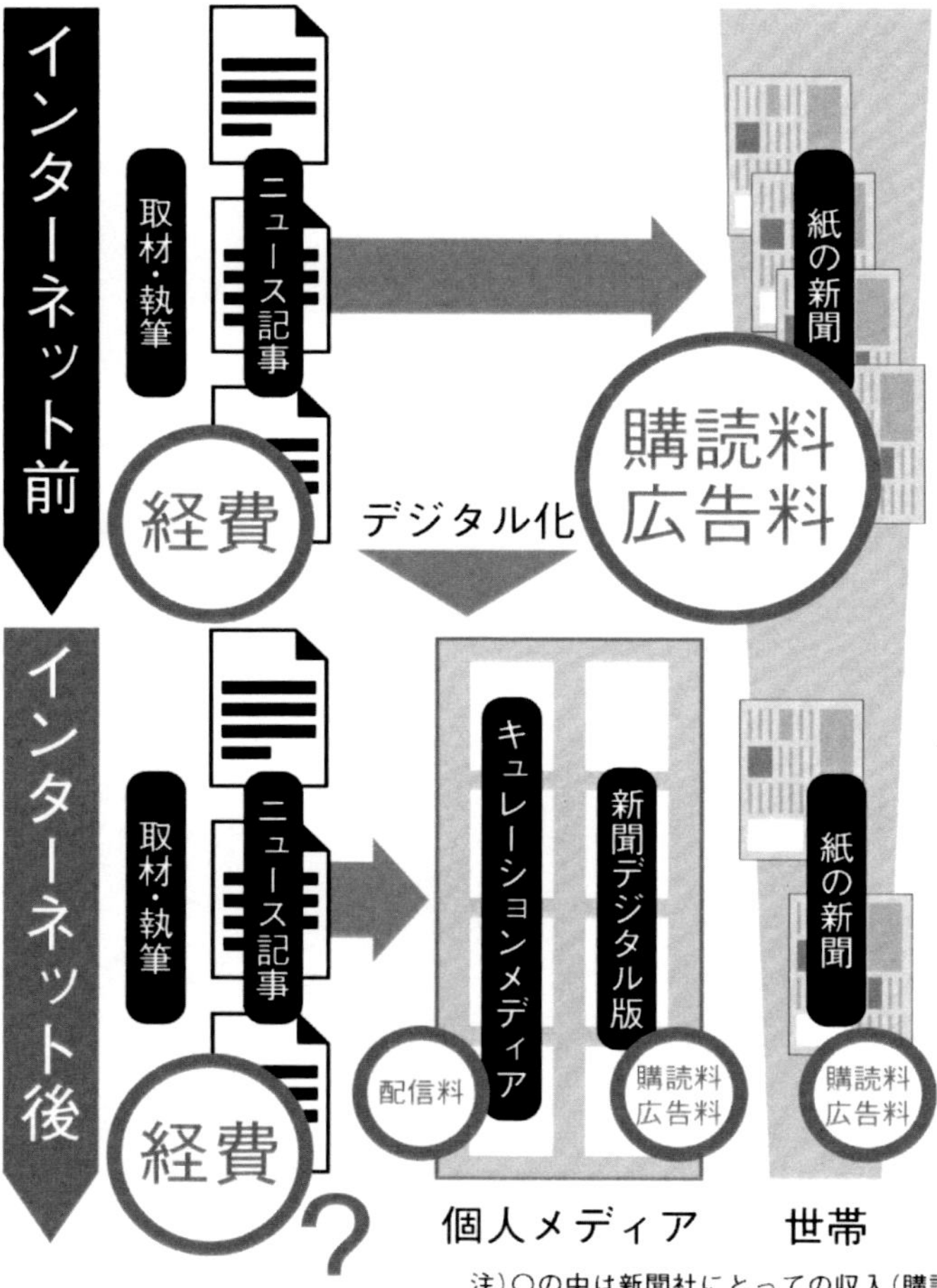

注）○の中は新聞社にとっての収入（購読料、広告料、配信料）と支出（経費）である。

（出所）校條諭作成

金時代を謳歌した。どの家庭にもテレビがあり、新聞をとるのがあたりまえという社会通念が定着した。その際のコミュニケーションのパターンを一言で表すと、一律・大量・単方向の分配であった。世帯メディアとして、大衆性と知識層向けの性格を併せ持つ新聞が、全国紙・大新聞としてその地位に君臨した。その豊かな経営基盤を背景に、ジャーナリズムの担い手として内外の取材網と取材体制を確立し、歴史に残る報道も残してきた。

従来の新聞やテレビといったマスメディアが今の形や規模のまま残っていくとは考えにくいが、その役割が消えることはないだろう。米朝会談のようなビッグな取材はもちろんだが、日常の事件・事故から政府や官公庁、そして企業の動向など、社会が必要としているニュース取材をすることのできる専門的能力を持つ記者を訓練して組織的にかかえているところは、新聞社や通信社、放送局である。社会の日々の動きを伝えていくジャーナリズムとして、マスメディアの役割は今後も続くだろう。「王道はストレートニュースで、やっぱり特ダネですよ」と現役の記者が語っているのもうなずける（石戸諭、ジャーナリズム、２０１８年2月号、朝日新聞社ジャーナリスト学校）。

加えて、前章で見たように、主な新興ニュースメディアも、社会性・公共性を明確に自覚した報道をしていこうという意識が明確にあり、自前のオリジナル報道に取り組む動きもある。また、ワセダクロニクル（後述）のような第三の組織による担い手も登場している。今後、新旧勢力のせめぎあいをしていく中で、ジャーナリズムの新たな世界が形成されていくのだろう。

現場を歩いて迫力ある記事を書く

では、紙の発行部数が目に見えて減る一方、電子版の会員獲得に苦労している新聞社が、ニュースのバラ売りだけでじり貧にならずにジャーナリズムの王道を歩んでいけるようにするにはどうしたらいいのか。新聞電子版の価値づくりについて考える前に、新聞社の資産を生かすことについて述べる。

新聞社の資産とは何か。その最大のものは、多数の記者ではないだろうか。大手の新聞社は2〜3000人の記者を擁している。現場を踏み、人に会うすべと記事にする方法を訓練されている。昨今、経費節減の号令はかかっているが、新聞社という組織に所属する記者は出張費や取材費を相対的に多く使える。海外特派員という強みも発揮できるはずだ。書斎派のジャーナリストや評論家は、テーマの設定や視点・切り口とともに読ませる文章力が勝負だが、それに対して新聞記者の場合は、それらも大事だが、とにかく歩くことが強みとなる。

フィナンシャル・タイムズ（FT）のライオネル・バーバー編集長は、日経新聞主催のシンポジウムで「記者がコンピューターと向かい合って、人と向かい合わないことがFTでも起こっている。足で歩き、人の声に耳を傾けるのが報道の基本だ」と語っている（日本経済新聞社、米コロンビア大学ジャーナリズム大学院、東京大学大学院情報学環共催シンポジウム「これからのジャーナリズムを考えよう」、2018年1月29日)。

3章でも紹介したヤフーニュースに出向した神奈川新聞の記者は次のように語っている。

「記者の本質的な仕事は、PV(著者注、ページビュー)という定量的な価値観で決して測れず、徒労とも思える非合理的な努力の積み重ねです。いわゆる夜討ち朝駆け取材は、その最たる例でしょう。合理性におもねれば、当局のリリースを横から縦に書き直すだけの記事が紙面を埋めることになります。」(news HACK by Yahoo!ニュース2018年9月7日「さあ、もう一度頑張ろう」新聞社からヤフーに出向して考えたこと【神奈川新聞→Yahoo!ニュース トピックス編集部・出向社員コラム】)

IT企業への出向で「地方紙もまだまだ捨てたもんじゃない」という感想を持ったこの記者のような人が、インターネットの特性をうまく生かして、新たな工夫をして報道に取り組んでいってくれることを願う。

調査報道はどこが担っていくのか

部数低落が止まらない厳しい状況に直面している新聞が、これからも存在価値を発揮できるひとつの鍵が調査報道だと言われている。もちろん通常の事実報道（ストレートニュース）をきちんと行っていくことがまず必要であるが、隠れている重要な社会的な課題や問題をじっくりと明らかにしていく能力と経験を持っている筆頭は、既存の新聞社だろう。

２０００年11月5日の朝、筆者は毎日新聞の1面の大きな記事を見て仰天した。旧石器発掘の神の手と言われていた人が、実は自分で埋めて発見を装っていたという捏造発覚のニュースである。その後歴史の教科書を書き換える事態にまで発展した、毎日のみごとなスクープであり調査報道だった。最大のハイライトは本人が石器を埋めて掘り出しているところをビデオで撮影したシーンである。もし観察していることを感づかれたら、スクープはまぼろしになってしまうかもしれない緊迫の場面である。しかし、そのシーンだけで記事が書けるわけではない。実際にスクープ記事を掲載するまでには、資料や文献を読み込んだり、専門家の話を聞いたりといった裏付けのための作業も含めて、27名の記者が40日間奮闘したとのことである。総指揮を執った真田和義記者は「フツフツとこもり火のような新聞記者魂が取材チームを突き動かした」と語っている。（毎日新聞旧石器遺跡取材班『発掘捏造』毎日新聞社、２００１年刊）

近年の調査報道というと、世界のジャーナリストが協力して取材・発表した「パナマ文書」報道や、映画「スポットライト　世紀のスクープ」の題材となった米「ボストン・グローブ」紙の報道（カトリック司祭による性的虐待事件）が思い浮かぶ。パナマ文書報道では、膨大な資料を分析するビッグデータ解析の手法や、ネットを通じて世界のジャーナリストが協力し合うという新しい取り組みが見られたことも注目に値する。

歴史を振り返ると、ニューヨークタイムズによるベトナム秘密文書のスクープ、ワシントンポストのウォーターゲート事件、読売新聞のビキニ環礁水爆実験の第五福竜丸被爆事件、朝日新聞のリクルート事件など、歴史に残るスクープが多々ある。ニューヨークタイムズがスクープしたときはワシントンポストも〝参戦〟したり、その逆もあったりして、「メディアの砲列」で権力に対峙した。新聞記者ならたいていの人がこのような業績を在籍中にものにしたいと思っているが、昨今のように新聞社の経営が苦しくなってくると、人手と金を食う調査報道に力を入れられなくなる恐れがある。〈写真4-1-1〉

独立小メディア、ワセダクロニクルの調査報道への挑戦

大新聞でさえ時間と費用のかかる調査報道にむやみに力を入れにくくなっている昨今だが、小さなNGOの「ワセダクロニクル」は、調査報道専門メディアとして、「探査報道」を標榜して創刊され、2017年以来、「買われた記事」「強制不妊」「製薬マネーと医師」「石炭火力は止まらない」といったテーマに取り組んできている。社会的ニーズがある、困っている人がいる、というテーマを

写真4-1-1　報道記録の本

取り上げていく方針である。「常に渾身の力をかけてやっていくし、他のメディアと協力することもやぶさかではない」と渡辺周編集長は語る（2017年2月開催の東洋経済オンライン主催の講演会より）。

読者は無料で記事を読めるが、収入源は広告ではなく、クラウドファンディングによって寄付を集めている。広告にも購読料にも頼らず寄付だけでいくというのが現在の方針である。課金モデルや広告モデルも検討したが、独立性を重視したという。寄付も1口の最高は50万円としており、仮にポンと1000万円出すという人がいても受け付けない。つまり、特定の人や組織の影響力を排除したいという考えなのだ。

フリーミアムというインターネットビジネスの言葉がある。無料でコンテンツを見せて登録会員を多数確保して、その中から有料会員を募って一段上のサービスを提供していくビジネスモデルである。ワセダクロニクルは有料販売は考えていないが、無料読者の中から寄付を期待するという意味でフリーミアムに近い路線だといえよう。とはいえ、「流行りというか、ページビュー稼ぎに、動物とかラーメンとかは、やらない」と渡辺さん。財務基盤を継続的に確立することや、パナマ文書のようなビッグデータを解析するような技術力の確保など、今後の課題は多いと思われるが、ワセダクロニクルの志ある取り組みに期待したい。

海外では寄付で活動している調査報道機関が登場して、すでにめざましい実績をあげている。米国のＮＰＯプロパブリカはピュリッツアー賞を何度も受賞して有名になった。その受賞記事には、ニューヨークタイムズが配信を受けて同時掲載していたものもある。韓国でも調査報道メディアニュースタパを多数の寄付会員が支えている。

2節　ニュースメディアは言論の広場になりうるか？

対話の広場としてのコメントコミュニティ

ジャーナリズムに関して、最近、たいへん印象に残ったニュースがある。米国の老舗誌「アトランティック」のウェブ版が、最近コメント欄を廃止、読者からの投書を紹介する昔ながらのスタイルに戻したというのである。「脊髄《せきずい》反射的なコメントより熟慮された投書のほうが有意義」と判断したという（コラム「メディアの風景」、武田徹、毎日新聞、２０１８年2月15日）。

しかし、ニューヨークタイムズやワシントンポスト、ロサンゼルスタイムズなど主要な新聞の電子版の記事には、コメント欄が現在でも用意されている。また、日本のキュレーション型ニュースメディアのヤフーニュースやニューズピックス、東洋経済オンラインなどでは、個々の記事にコメント欄がついている。

3章で紹介したように、この中でニューズピックスは特異な存在である。キュレーションによる他メディアからの配信記事と、自社オリジナルの記事の双方に、いろいろな人たちのコメントがついている。しかも、少なくとも上位に並んでいる人たちのコメントは比較的安心して読める。いちばん上には、プロピッカーと呼ばれる選ばれた人のコメントが置かれている。この点がほかのメディアのコメント欄と大きく違う。これは、明治初期に一時期見られた新聞縦覧所という、〝日本版コーヒーハウス〟が、新聞のマスメディアとしての急速な発展の中で消え去り、いわば未完に終わった現象の〝続編〟として異彩を放っているとは言えないか。

そこでふと気付くのは、朝デジやデジ毎、日経電子版といった既存の新聞社の電子版の記事にはどうしてコメント欄がないのだろうという疑問である。日経はもともと読者の声を載せることには消極的なのでまだわかるが、紙面では大きなスペースで投書欄を設けている朝日や毎日はどうしてなのだろう。

電子版の有料読者に限ってコメントを許すのであれば、さほど問題はないような気もするが、少数の同じ顔ぶればかりが発言をするかもしれないなどの問題を考えれば躊躇してしまうというのもわからないわけではない。また、有料読者とはいえ、アトランティックが経験したように、コメント欄が荒れて雰囲気が悪くなる可能性もないとは言えないだろう。

対話でつながる取り組み、コンテンツビジネスからの脱却を

既存の新聞においても新しい取り組みは目に入る。

朝デジの「フォーラム」という企画はなかなか有意義だ。たとえば「沖縄の米軍基地」、「先生、忙しすぎ?」、「フェイクニュース、どう対処」、「子ども乗せ自転車」といったテーマを月に2回程度のペースで設定して、ネット上で読者の意見を募っている。選択肢から選ぶ質問のほかに、必ず意見を書かねばならない。意見は随時掲載されていく。それをまとめたものが紙面にも載る。コメント欄に自由に書かせて表示する方式と違って、編集部がチェックの上アップされるので安心して読める。

記者が、ツイッターやフェイスブックといった自社メディアの外で発信することは増えており、読者と接することが増加している。朝日新聞デジタルでは、記者個人のツイッターアカウントの一覧表が掲載されている。毎日新聞のデジタル担当取締役の小川一さんは「SNSの台頭により、新聞記者がメディアになる時代でもあります。記者が発信するSNSを見ればコンテンツがあり、記者自身がコミュニティを作れる時代です」と語っている(DIGIDAY「オーディエンスファーストで読者の居場所にいち早く」、毎日新聞デジタル担当取締役 小川 一、2016年3月10日)。

記者のSNSの発言から、その記者の記事を読むこともでき、記事、記者の発言、読者のコメントというつながりができる。こうして、記者個人のコミュニティが形成されていく。記者に固定ファンがつくということもある。

毎日新聞では、「まいもく」(旧毎日ライブ)というネットのライブ配信を毎週実施している。取り上げるテーマを担当している記者が出演して解説をする。読者は手元のパソコンやスマホからコメントや質問を送ることができる。また、「毎日メディアカフェ」というイベントのシリーズを東京本社内のスペースで開催しており、その中でときどき「記者報告会」というものがある。これは、記者と読者が直接対面して交流できる貴重な機会となっている。

新聞というニュースメディアを、もっぱらニュース記事というコンテンツの配信ビジネスだと定義してしまうと、キュレーションメディアへの記事のバラ売りに終始してしまう恐れがある。コンテンツ配信ではなく、コンテンツをもとにした対話ビジネス、あるいはつながりづくりビジネスのように再定義することが、新聞電子版というデジタルパッケージの存在価値の確立につながるのではなかろうか。

現在でも、新聞社が提供するのは、基本的に本と同様の「作品」ないしコンテンツ文化であり、「対話」文化はまだ強くない。本や雑誌よりも刊行サイクルが短いとはいえ、「作品」として固められた記事をもっぱら読者が鑑賞するという構造である。必ずしも読者のコメント欄を付けよ、ということではなく、動いていく、あるいはつながっていく広場という電子版を期待する。

記者同士の議論は難しいのか

もうひとつふと思うのが、記者同士の議論があってもいいではないかということである。新聞記者は報道に加えて自分の意見をしばしば書くが、記者同士で意見を交換している様子はあまり見えてこない。かつて毎日新聞の名物欄「記者の目」で、ある記者が「めくじら立てるなマリファナ」という意見を書いたのに対して、別の記者がそれに反論する意見を書いた「マリファナ論争」というのがあった（毎日新聞、1977年（昭和52年）9月14日、関元編集委員執筆の「記者の目」）。最近でも、社論と異なる意見を編集委員がコラムに書くなど、他紙に比べてゆるい組織文化の毎日であるが、マリファナ論争以後、紙面での記者同士の目立った議論はなぜか目にしない。

近年、朝日・毎日と読売・産経は、主要な政治的テーマでことごとく対立しているが、それぞれの社内では異論はまったくないのだろうか？　まさかないわけはないだろう。新聞社によって自由度に差はあるが、記者個人がツイッターで発言するケースは増えている。SNSでだけでなく、自社の電子版の社説や論説、解説に記者が自由にコメントできるようにはできないのだろうか。このうち社説については、連日、社説を書くために論説委員同士が議論しているはずだから、その議論のプロセスのエッセンスを掲載することはどうだろう？　論説委員会はしばしば激論になるなどと新聞社の人が紹介しているのを、これまで何度か見てきているが、そうであれば、その中身を見せてほしいとやはり言いたくなる。

もちろん社を越えた記者同士の議論も期待したいところだ。「社論」を背負った代表討論会のようなものではなく、所属会社の異なる記者個人が集まって、社論にしばられない自由な議論をするということがあってもいいのではないか。

落ち着いた対話の広場を

思うに、従来の新聞記者ないしマスメディアの人は、対話型の人よりも演説型の人のほうが多かった。しかし、これからは、対話ができ、議論ができて、その相手とのやりとりの中から整理軸を見いだしたり、新しい考えを生み出したりできるような記者が求められるのではないだろうか。できれば糾弾スタイルではなく、協働的な、あるいは相互編集的なコミュニケーションを期待したい。

武田さんのコラムの発言に戻ると、「コメント欄の議論ではその内容が話題になる。しかし内容の是非は価値観次第で水掛け論に陥る。むしろ必要なのは形式の議論ではないか」と述べているところがある。内容以前に、コメント欄という形式のあり方自体を問うべきだという主張と理解した。おおいに検討する価値があるのではないか。

コメント欄ではないスタイルはあるだろうか。現在の新聞で目にするものでは、先に紹介した朝日新聞の「フォーラム」はそれに当たる。そのほか、近い例を探すと、「論点」とか「耕論」といったタイトルで、同じテーマについて2～3人の外部識者の意見を載せている欄がある。ただし、各人が異なる切り口で独自に語っているだけでお互いにかみ合っていないことが多い。いくつかの共通軸で各人の論を位置づけるような整理をしたあと、各人に議論してもらうというような工夫が求められるように思う。

落ち着いた対話の広場となる新聞デジタル版とはいったいどのような形・スタイルがよいのか。ＡＩやＶＲなどの新技術も活用した斬新なスタイルの可能性が開かれる予感がある。

世論の解析にＡＩ活用

日本だけではないが、社会の分断化が進んでいる。主要な政治テーマで意見がまっぷたつに分かれて、お互いに理解しようとしない。それぞれ自分と合う意見の記事や投稿しか読もうとしないので、非難し合うばかりでかみ合うことがない。そもそもワントゥワン（個人対応）のレコメンドエンジン（推薦機能）の働きで、その人が好みそうな記事や投稿が目に付きやすい。そのような状況を打破するために、ネット上にあふれるさまざまな論や意見のビッグデータをＡＩによって解析し、要因分析をして、座標軸上に整理することが考えられる。ニュースメディアがそのような取り組みをして、そのまとめを記事として掲載したらどうだろう。〈図表4-2-1〉
もちろん、壁は厚いに違いない。実際、そう簡単に分断が是正されていくとは思えない。そもそも、人々は、知識人と呼ばれる人も含めて、実は論理によって意見や態度を表明しているとは限ら

図表4-2-1　世論の解析にAI活用

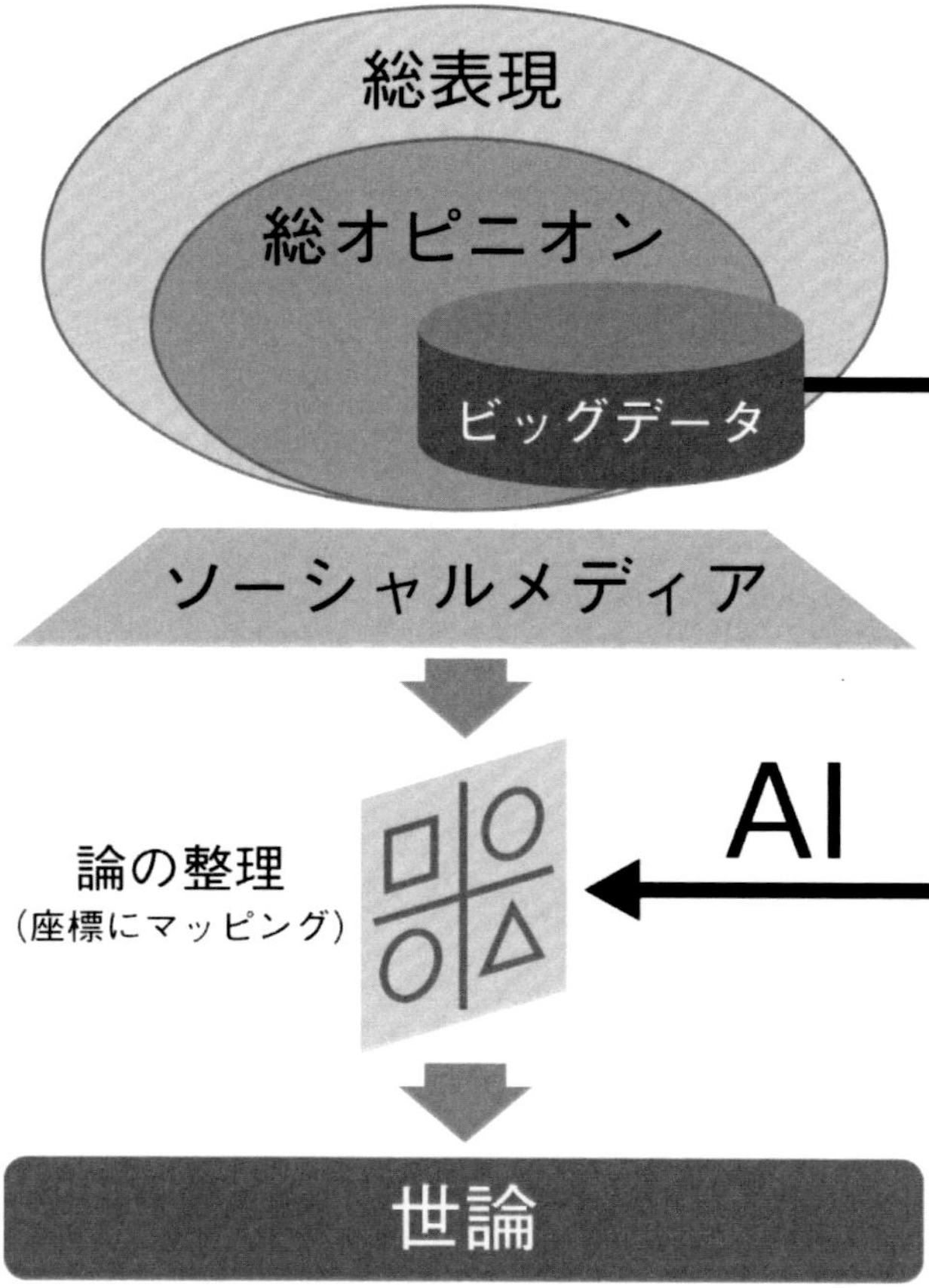

（出所）校條諭作成

ない。よって、論点が整理されたからといって、おいそれと反対意見に耳を傾けるということはないかもしれない。しかし、それでも、まずは論理的な整理というものが必要なはずだ。ＡＩはそのための有力な道具になりうるだろう。

コレクティブ・ジャーナリズムの可能性

実はそこに新しいジャーナリズムの可能性を感じている人もいる。『コレクティヴ・ジャーナリズム』（新聞通信調査会、２０１7年1月刊）の著者、中国人の章蓉（Zhang Rong）さんである。

集合知という言葉がある。コレクティブ・ジャーナリズムを「集合知ジャーナリズム」とでも言い換えるとイメージしやすいだろうか。それを担う特定の新聞社やニュースメディアがあるというわけでなく、ネット上で、ある問題について、多くの人が意見を交換しあっていくと、豊富な情報と多様な視点が交差して、お互いに理解が深まっていくようになる。たとえ、当初は誤解や間違いがあっても、それを指摘する人が出てきたりして、結局は修正されて、一定の相互理解に収斂していくというのである。

これは、インターネットが普及し始めたころの楽観論を思い起こさせるが、章蓉さんによれば、中国での実際の現象をもとに言っているのだそうだ。いわばソーシャルメディアが意図せざるジャーナリズムの役割を果たしているということになろう。さらにそこにＡＩを介在させると、議論がいっそう整理されやすくなると想定できる。

このテーマはまだ今後検証が必要かもしれないが、それを待つというよりも、そのようなコレクティブ・ジャーナリズムをいかにして成立させていけるかというように考えたい。

3節　新聞電子版（デジタル版）のこれから

しかし、インターネットが登場して、パソコンからさらにスマホでネットを利用するのがあたりまえになり、メディアの個人化がどんどん進んだ。典型的には、個人は、スマホで無料のヤフーニュースやＬＩＮＥニュースなどで社会のできごとをチェックして、世帯メディアの高価な新聞とつき合うことから離れていきつつある。

今、あらゆる産業がデジタルの波にさらされて、再編や融合が起きつつある。ニュースメディア、特に新聞は、すでに新興ニュースメディアのための記事製造下請け業という立場にもなりつつある。また、ソーシャルメディアは、個人がマスメディアとは逆方向の発信や横の交流をすることを可能にした。そこで発信する個人にとっては、ニュースは会話のネタにすぎないことも多い。個人の安易なつぶやきや極論が拡散されて、マスメディアにも影響が及ぶこともあり、ときには翻弄されることもある。

新聞が個々の読者と直接つながりを持つことができれば、まだ展開のしようがあるかもしれない。しかし、新聞は、紙の世帯メディア（非個人向け）としての成功体験が大きすぎることもあって、個人とのつながりを構築するノウハウと実績では、ＧＡＦＡをはじめとするＩＴ系企業に比べて立ち後れている（GAFAは、グーグル、アップル、フェイスブック、アマゾン）。

私たちの暮らしや、世界各地の日々のできごと、解決すべき課題などについて取材し、報じていくジャーナリズムはやはり重要である。その最大のノウハウを持っているのは従来の新聞社とテレビ局、それに主要通信社であろう。新聞社という組織そのものを温存するのではなく、新聞社の培ってきた取材、執筆、記者教育などのノウハウを維持、発展させていくことは必要と考える。合従連衡や資本構成の変化などの動きは今後起こることになるだろうが、むしろ、異分野や異業種の新しい血が入ったほうがいいだろう。デジタルやウェブに明るい編集者やデザイナーの役割も増すに違いない。

幸い、新聞社の配信ニュースやその他のメディアの記事を掲載しているヤフーニュースなどのキュレーションメディアは、社会性、公共性を意識したニュース選択の姿勢を維持している。もちろん、新聞社自らが、まとまった編集物として電子版の新聞を持つことの意義は大きいだろう。

一般紙の電子版は成功するか

地域や世界各地の、日々のできごとや解決すべき課題などについて取材し、報じていくジャーナリズムは、これからも重要である。新聞社の培ってきた取材、執筆、記者教育などのノウハウを維持、発展させていくことは必要と考える。そのためには、従来の紙の新聞に代わる自前の電子版が経済的に成り立つのが望ましい。

朝デジとデジ毎は、どちらもミニマムのコースは1000円程度だが、フルサービスのコースは、朝デジ3800円、デジ毎3456円の料金を設定している（いずれも税込）。ヤフーニュースなどでニュースをチェックするだけなら無料なのに、それだけの料金を出す意味はどこにあるのだろうか？ ネット上の有料ニュースメディアにとって、ある程度共通だと思われるこの問題について、上記2紙を念頭に考えてみたい。経済紙の日経電子版に続いて、一般紙が電子版で成功するかどうかは、今後のデジタルジャーナリズムのあり方に影響すると思うからである。

従来の紙の新聞は前後の通常30ページ前後のひとまとまりの「編集物」として作られている。その日その日のニュースはもちろんのこと、解説、論説、読者の投書、記者や社外の人のコラム、囲碁将棋、身の上相談、俳壇歌壇、書評、小説、訃報、テレビ番組表・・・など実に多種多彩な記事が載っている。

もちろん紙とは構成や見せ方が違って当然だが、インターネット上の新聞電子版も、ひとまとまりの編集物として価値が認められるようになるのか。進歩がめざましいウェブ技術を使えば、紙とは比べものにならないほどの表現の可能性があるので、その議論は、本来、かなり多面的にならざるをえない。以降では筆者がもっとも気になる点を取り上げる。

アルバムとプレイリスト

音楽のストリーミングサービスでは、通常のアルバムやシングルのほかに、聞き手の気分に合った音楽をまとめて聴けるよう選んでそろえた「プレイリスト」がある。たとえば、「休み明けの疲れを癒やす洋楽」、「秋のお散歩ポップス」、「テンションがあがる映画音楽」、「軽快に仕事したい人のためのジャズ」などである（アマゾンミュージックから）。

ヤフーニュースやスマートニュースなどのキュレーションメディアは、思い思いに編集した「ニュースのプレイリスト」と言えるのではなかろうか。音楽の場合は、曲（作品）が独立の単位で市場を流通する。記事の場合、音楽の曲に比べると、ひとりの人が同じ記事を何度も何度も見るということは通常はないが、曲と同様に扱うことが可能だろう。シングルの曲に当たる個々の記事の中から、各社それぞれの判断で選択し、掲載している。それに対して、新聞社が自ら提供する電子版は「アルバム」に相当するだろう。

思うに、新聞社が、ニュース記事をつくるコンテンツビジネスだと自社の事業を規定するならば、キュレーションメディアによる「プレイリスト」の材料を製造する下請け企業になってしまうかもしれない。だから、新聞社としては、記事（コンテンツ）づくりにとどまらない発想が必要になってくる。

キュレーションメディアに通常配信しない日経電子版の場合は、コンテンツという位置づけでもよいかもしれない。なぜなら、経済紙の読者は、何らかの経済的なリターンを期待し、投資として、ないしはコストとして購読料を払うからである。それゆえ、欧米でも日本でも有料デジタルで先行して成功しているのは経済紙である。個々の読者のニーズに合った情報を提供するパーソナルサービスの設計も、比較的シンプルな思想で行うことができよう。

それに対して、あくまでも相対的な比較だが、一般紙の場合は、保育所政策についての記事を価値ありとする読者はいても、自分の子供の具体的な保育所選びのための情報は別途求めるだろう。このように、一般紙は、実用的ないし経済動機から読まれるとは限らず、社会の一員として社会に起きていることを知っておこうといった漠然とした動機で読まれることが通常であろう。世間話から社会問題まで、起きていることを知ること自体が動機である。それにより、身近な人とコミュニケーションができるし、社会とのつながりを保てる。よりよい社会をつくるために、社会的な課題をきちんととらえたいという欲求を持つ人々も当然存在する。

ファンづくりとブランド確立、個人を前面に

では、朝デジやデジ毎が、〝コンテンツ屋さん〟という立場でなく、デジタルパッケージとして、いかにブランドを確立して、その支持者(ファン)を確保していくのか。その中核は、記者と読者とのつながりを作っていくこと、もっと言えば、記者個人のファンづくりを促進する発想ではないか。記者に加えて編集者も含めて、もっと個人を前面に出してよいのではないか。

経済紙は〝コンテンツ屋さん〟でもいいと言ったばかりだが、フィナンシャルタイムズ(FT)のバーバーさんは「(記者)ひとりひとりがブランドになれ」と言っている。「現場をよく歩き回って、すぐれた眼力を発揮するような記者個人を前面に押し出して、組織として支える」のだと言う(前掲の日経主催シンポジウム)。経済紙だって同じだとも言えるのだ。

これからの新聞社は〝タレントプロダクション〟の性格を鮮明にしていくのが有効ではなかろうか。フリーでも生きていけるくらいのすぐれた記者をたくさん抱え、そのような記者たちが協力するチームづくりをすることが〝プロダクション〟の役割となるだろう。

佐藤尚之さん(株式会社つなぐ代表)は著書『ファンベース 支持され、愛され、長く売れ続けるために』(ちくま新書、2018年)で、ファン形成のポイントは「共感」「愛着」「信頼」の3つ

だと言っている。これらを担うのは記者個人である。筆者自身、何人かの名前がすぐに思い浮かぶ。彼らの記事に出会うと、テーマによらず読んでしまう。長年、新聞でその人と出会っていると、その人への共感、愛着、信頼がはぐくまれてくる。

個々の記事に署名を入れる原則は、1995年、十勝毎日新聞が、脱発表ジャーナリズムをめざして先鞭をつけ、大手紙では毎日新聞が翌1996年に踏み切った。他紙でも広がっているが、形式的に個人名を入れるだけでなく、もっと個人色を打ち出して、新聞社はその個人をサポートする〝タレントプロダクション〟となってもよいのではないかと思う。ただし、個人の意見をどんどん言えという意味ではなく、独自の問題意識に基づいて「事実」を多面的、立体的に伝えるようにしてほしいということである。

記者個々人がプロフィールページを持って、経歴や執筆記事の実績、関心テーマなどを明示してもよいのではないか。朝デジでは、記者のツイッターのアカウントが140人分くらい載っているが、個人別の記者プロフィールページ（ファンページ）も欲しくなる。

見せ方の工夫

最近は主要な新聞は、ひとつのテーマについてじっくりと読ませる長い記事を載せることが多くなった。無料で読めるキュレーションメディアの記事は比較的短いストレートニュースが中心であり、それとの差別化を意識しているということもあろう。ただし、記事は長ければいいというものではない。シンプルな箇条書きや図表で伝えられるものまで文章で書けばいいというわけでもない。新聞は、今でもまだ叙述至上主義の感があり、テレビの表現力を見習ったほうがよいように思う。

とはいえ、ニュースメディアにおいて、紙ではできないデジタルならではの見せ方がすでに工夫されてきている。インフォグラフィックスを使った表現やＶＲ動画を活用した見せ方の工夫が、今後ますます重要になろう。読売新聞の松井正さん（教育ネットワーク事務局専門委員）が、内外のニュースメディアから次のような例を紹介している。

＊マルチメディア作品

・ボストン・グローブの「エミリーの物語 Emily's story」（２００６年）

ハーバード大学に入学した全盲の女子学生の生活を追った大作。これは、今でも同紙のサイトで見られる。

＊没入型（イマーシブ）報道

・ニューヨークタイムズの報道作品「スノーフォール Snow Fall」 ２０１３年

ピューリッツァー賞特集記事部門賞受賞。豊富な動画や写真 イマーシブ技術を駆使して展開。

・朝日新聞の「ラストダンス」（2014年2月ソチオリンピック）

・読売新聞の「新幹線半世紀の旅」（2014年8月）

＊双方向型ビジュアルツール活用作品

・ニューヨークタイムズの東日本大震災写真特集（震災の2日後、2011年3月13日）

スライドバー操作で特定場所のビフォー・アフター比較。

＊データジャーナリズム

・ニューヨークタイムズの米大統領選報道

各候補について3つのメーターで有利さを表示（2016年11月）。

＊インフォグラフィックス

・ブルームバーグの地球温暖化に関する特集記事（2017年）

動くグラフで一目瞭然。

＊解説ジャーナリズム

・新興ニュースサイト、ヴォックス（VOX）

テーマについてさまざまな側面から解説するカードとその束（スタック）の構成。

＊分散動画ニュース

・ナウディス・ニュース
ソーシャルメディア上で視聴させる分散方式。スピーディに切り替わる字幕、1分以内の短さ。
＊スローなジャーナリズム
・ナラティブリー
週1つテーマを設定、1日1本掘り下げる記事。世界に2500人以上のジャーナリストネットワーク。2012年設立。
＊タブレット専用
・ラ・プレス
1日1回更新するタブレット端末向け無料電子新聞。じっくり長い記事。広告収入で運営。フランス語。

（出所）松井正「ニュースの再構築」早稲田大学メディア文化研究所編『「ニュース」は生き残るか』（一藝社、2018年刊）所収

魅力を生む編集の力

宅配される紙の新聞の場合は、どの新聞もほぼ同じスタイルを前提とした競争だった。しかし、ネット上でジャーナリズムを担う言論メディアは新聞社のメディアだけでなく、新興のニュースメディアや、専門的個人、雑誌のオンライン版や電子版など多種多様なネットメディアが横並びで競争相手になる。実際、読者から見れば、たとえば、朝デジと文春オンラインや東洋経済オンラインなどは横並びに併読する対象になる。いちばん重要なのは、編集長が担うメディアとしての編集方針である。これまでの新聞社では編集者とか編集長という言葉は使われてはいたが、主筆とか論説委員長（論説主幹）に比べて存在感がなかった。これからは、デジタルパッケージの編集を担う編集長や編集者の役割がたいへん重要になる。わかりやすく言えば、新聞の電子版を雑誌のような魅力を持つようにする、ということである。現行の朝デジやデジ毎のトップページは、教科書の目次のように味気ない。従来からの報道のパワーをベースに、新聞ならではのデジタルパッケージが編集の力によって存在感を持ち、ファンを形成していく、というシナリオがあるのではないか。

この観点で注目されるひとつは、右で紹介したラ・プレスである。「美しい写真と考え尽くされたデザインで使い勝手が良く、じっくり記事を読み込むファンが多い。」（松井正、前掲書）

巨大ニュースサイトのツアーガイドを

パソコンで朝デジやデジ毎のウェブ形式（紙面スタイルではないほう）の画面を見ると、ジャンルや項目がたいへん多くて、すぐに目に入るニュース以外はどこをどういう順序で見たらいいのか、特に初心者は迷うのではないだろうか。自分で勝手に歩いて習得せよという感じではもったいない。紙の新聞なら順番にページをめくっていってもいいし、たとえば、後ろの社会面からとかページの開き方が習慣になっている人も多いだろう。そして、自分がどこを歩いているか、すなわち、社会面を見ているとか、経済面を見ているなどの位置感覚を持つことができる。

そこで思うのだが、〝ツアーガイド〟を設けるとよいのではないか。たとえば「デジ毎ツアー」を担当するガイドが折々に登場する。そして、米中関係、地域活性化、介護、移民問題などのさまざまなテーマを担って、デジ毎の中にドローンを飛ばすような感覚で、過去の記事も含めて見どころを紹介していく。いろいろな筆者のコラムをさぐっていくような〝ツアー〟もありうるだろう。ガイドは読者から募ってもよいかもしれない。これらのツアーの一部を無料公開にするのも、有料電子版のプロモーションになってよいのではないか。

これは、前述したように、音楽のストリーミングサービスでよく見られる「プレイリスト」の発想に近い。つまり、ツアーガイドは記事のプレイリストを構成するということである。
このツアーガイドのような企画を立てるのも編集者の仕事である。

ニューヨークタイムズ有料会員獲得に邁進

ニューヨークタイムズ（NYT）は、デジタルだけの有料読者が300万人近くに達している。紙の読者約100万人をはるかに超えている（アーサー・グレッグ・サルツバーガー社長へのインタビュー記事、朝日新聞、2018年10月12日）。現在の課金方針を実施したのは、2011年3月のことだった。それまでの失敗を糧として、確信を持って新路線で勝負に出たのが、結果的には成功した。NYTの購読料金は前章でも述べたように、かなり安い印象を持つ。2015年に100万を超え、翌2016年の選挙で当選したトランプ大統領のメディア攻撃が、一種のプロモーション効果をもたらして、さらに部数を押し上げた。

アメリカの新聞は日本と違って、かつては収入のうち8割程度が広告によるものだった。しかし、NYTのサルツバーガー社長は、デジタル化の進展に伴って、「広告収入に支えられるビジネスモデルが揺らいでいる」と前述のインタビューで語っている。グーグルやフェイスブックといった巨大なITプラットフォーム企業がネット広告市場の過半数を取っている現状を考えれば、読者の購読料がいちばんの頼りということになる。実際、ＮＹＴのサイトを開くと、ポップアップで「1年目は半額だよ！」と、スーパーのタイムセールの呼びかけのような、高級紙のイメージに照らすとややギャップのある真剣な営業姿勢が見てとれる。

一方、朝デジもデジ毎も、宅配の料金との兼ね合いで、３０００円台という高めの設定をしてきたが、朝デジは月に読める記事数３００本までのシンプルコースが税込９８０円、デジ毎は読み放題のコースをスタンダードと呼んで税込１０５８円という、ＮＹＴを意識したような設定を最近用意した。ともに、紙面イメージそのままで読む機能や記事検索の機能は使えないなどの制約があるが、実質的な値下げに見える。

キュレーションメディアへの配信は、需要側の力が強いので、高価格で提供するのは今後も難しいだろう。となると、新聞の自前の電子版の有料読者をなんとしても増やすのが基本の道であろう。有料デジタルで成功しつつあるＮＹＴは、記者のリストラと新規採用を共に行った。いま進行しているのはメディア革命だ。生半可な対応ではメディアとしての再生はむずかしいだろう。新聞社がつぶれても誰にもいいことはない。キュレーションメディアにとっても、プレイリストに採用したくなる価値ある記事が日々生まれるほうがいいに決まっている。

なお、「経済を、もっとおもしろく」をキャッチフレーズに掲げるニューズピックスは、キュレーションメディアの顔以外に、オリジナルの記事を増やして、有料読者を増やす努力をしていることは前章で述べた。

新聞の「面文化」の価値

これまでの新聞のよさを思い起こしてみよう。

新聞というメディアのユーザーインターフェースには、次のように特筆すべき点が多い。今後、新聞という従来のスタイルを維持していけなくなったとしても、新しいメディアにその資産を取り入れていく価値があると筆者は思っている。

面：一目でわかる一覧性
縁：相互に無縁の記事が同じ面に並んで社会の断面を見せる
大小：編集者による重みづけ
範囲：長さ、広がりがわかる安心感

一言で言えば、新聞の面文化を近未来メディアに生かしたいということである。

前章でも触れた、ヤフーニュースから神奈川新聞に出向した社員の感想を引用する。

「紙ならではの読みやすさは、この現場で改めて実感しました。特にレイアウトの力は大きくて、ウェブはスマホに最適化したレイアウトが日々研究・開発されているものの、新聞の紙面レイアウトは長い歴史を刻んできた分、一日の長を感じます。記事ごとの重要度の差がぱっと見でわかったり、長文でも疲れずに読むことができたり。一概に比較できるものではありませんが、ウェブメディアができることはまだまだ多いと感じています。」（news HACK by Yahoo!ニュース 2018年7月13日「記者になって取材現場から見えたもの【Yahoo!ニュース トピックス編集部→神奈川新聞・出向社員インタビュー】」）

紙面ビューアーが新聞電子版の定番に

いまの新聞は、大きな紙に大小さまざまな記事が割り付けられている。パッと見て一覧できる上に、記事の大小や掲載位置によるメリハリが付けられている。中野翠さんは、新聞を見れば自分の姿が見えてくるという。大きな記事に興味がわかないこともあれば、小さな記事だけど自分にとって大問題ということがある、と。「新聞というものに凝縮された社会的価値観とのズレぐあいの中に、よくも悪くも私というものの「個性」があるわけだ。」（中野翠「満月雑記帳」、サンデー毎日2018年9月2日号より）。日本で150年近くの歴史を持つ新聞紙面とは、そういう考え方を体現している貴重な文化である。新聞の編集者（整理部員）が、1面トップにはこれを持ってこようとか、その横にはこれだとか、大小をつけて割りつけた紙面を、読者は第1提示として受け止めて、どうしてこの記事の扱いは小さいのか？などと疑問を発して自分の見解を持つことができる。

電子版になっても、新聞によっては紙面ビューアーで紙の新聞と見た目が同じ紙面を見ることができるが、これはあくまでも紙の新聞があることを前提にしている。少なくとも紙の新聞に親しんできた人が、紙のよさを捨てずにデジタルのよさを感じるつなぎの役割を果たしているのだろう。

かつて朝のテレビに「やじうま新聞」（テレビ朝日系）という長寿コーナーがあって人気だった。現在もテレビで新聞紙面はよく使われる。本質的に新聞紙面は、素材はリニア（1次元）な文章だが、面（2次元）としてつくられているものである。テレビは絵になるものが好きなので新聞紙面を好んで扱うのも理解できる。

大画面の時代が来る?!　VRが新聞を救うか

HONZ「ビジネス書グランプリ2017」の3点のうちのひとつに選ばれたケヴィン・ケリー著『〈インターネット〉の次に来るもの』（服部桂訳、NHK出版、2016年）は、インターネット社会の近未来を12のキーワードで語っている。著者のケリーさんは、インターネット草創期に一世を風靡した雑誌「ＷＩＲＥＤ」の編集長だった。

この本を読み込む前にパラパラとめくっていて、思わず目が留まったところがあった。スマートフォンが読書端末になったことが最も意外だったというところだ。多くの評論家はこんなに小さくてチカチカするスクリーンで本を読みたい人などいないと言っていたのに、ケリーさん自身を含むあまたの人がいまやスマホで本を読むようになってしまった、と。筆者自身はといえば、当時、小さな端末の登場までは予想したが、その画面を指でこすって拡大表示したりして本や新聞を読むことなどまったく考えもしなかった。つまりスマホは想像を超えていた。しかし、ＷＩＲＥＤ編集長だったケリーさんにして、すべてを見通していたわけではないことに親しみを覚えた。ケリーさんは、30年先はほとんど予想がつかないと言う。

大きなディスプレイのマルチメディア新聞構想

そんなケリーさんも本当は大きなページの本が好きだという。新聞紙くらいの大きさの電子本端末ということを言っていて、しかもそれが折りたためるとよいというのだ。筆者は１９８４年に、新聞紙面大のディスプレイに紙面そのままを表示して、各記事がさまざまなサブメディアやコンテンツにリンクしているという「マルチメディア新聞」のイメージを、週刊ダイヤモンド（１９９４

年10月8日号）の巻頭論文で提起した。ケリーさんの発想と近いものがある。〈図表4-3-1〉

マルチメディア新聞で重要な点は、従来の紙の新聞のように大小さまざまな記事が面に割り付けられているということである。そのために、紙の新聞と同じ大きさの29インチ以上のディスプレイが望ましいと訴えた。さらに、マルチメディア新聞の重要な機能として、新聞の紙面がさまざまなメディアやコンテンツへの入口になるというイメージを提起した。「いわば新聞のひとつひとつの記事が、さまざまなメデイアのさまざまな世界に歩み入っていくための目次となり、入り口となる。編集された他人の用意したフレームの中だけにとどまっていたくない人にとっては、新聞の紙面が次の世界に進んでいくための基地となる。目次やインデックスというと普通は無味乾燥だが、新聞の紙面なら、実に味のあるインデックスとなりうる。」（前述の週刊ダイヤモンドより）

スマホは最終形ではない

スマホの画面の紙面を指でこすって拡大して見るというのは確かにすばらしいし、筆者自身電車の中などではスマホで新聞を読んでいる。しかし、それは妥協してそうしているのであって、本当は大きなディスプレイが欲しい。現在の、スマホの小さな画面でメリハリなく並んでいるニュースを見るというスタイルは過渡期だと考えている。ケリーさんの言うような、折りたためるディスプ

図表4-3-1　マルチメディア新聞構想

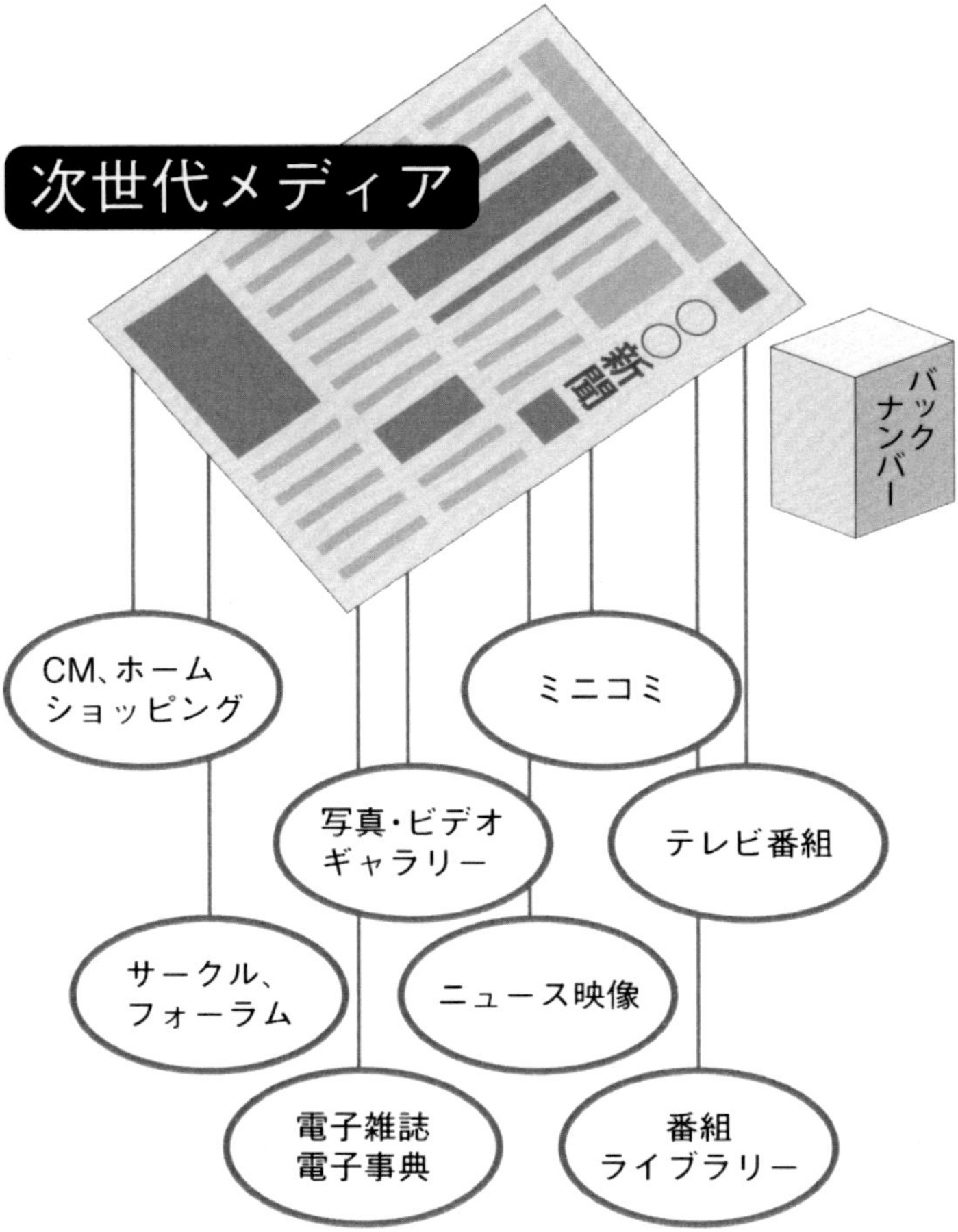

（出所）校條諭「マルチメディア新聞」　週刊ダイヤモンド1994年10月8日号

レイは期待するもののひとつだ。筆者自身は三面鏡型というのを考えたことがあった。

おそらく現実的かつ有望なのはVR（バーチャルリアリティ）だ。VRはゲームやエンターテインメントの世界が先行していて、ショッピングの分野で試みがされていたりする。これからのインターネット上のニュースメディアを新聞と呼ぶかどうかは別として、従来の新聞の面の文化とその価値を、VRは新しい形で実現する可能性がある。これから有望なのはVRによる大画面表示ではないだろうか。VRの技術を使って、大きな紙面やディスプレイがなくても、目の前に大画面を見せることが可能になってきている。スマホやウェアラブル端末などを使って、新聞サイトの「紙面」メニューをクリックすると、眼前に大きな新聞紙面が広がるというイメージである。つまり網膜が大画面と認識するバーチャル大画面である。網膜に新聞紙面を投影して、あたかも大きなディスプレイで新聞を見ているようにできるだろう。そうした大きな画面で視野や思考を思いきり広げたい。

ニュースアース（NewsEarth）

国立情報学研究所の高野明彦教授の話を聞いてたいへん興味をひかれた。高野さんは、球体（スフィア）の表面に新書の背（タイトルが書いてある部分）をずらーっと貼り付けるという実験を行っている。球を好きなように回して、気になるタイトルが目に入ったら、そこをクリックする。すると、本の表紙や目次、本の紹介文、場合によっては第三者が書いた書評などを表示することができるのだ。

これをヒントに筆者が考えたのは、ニュース記事を球面に貼り付けるという方法である。その日その日のニュースが、大小とりまぜて紙面ならぬ球面に表示されて、そこからニュース本文や動画、さらに過去の関連記事、あるいは参考図書情報、執筆記者のプロフィールやこれまでの執筆記事などをリンク表示できるというものである。日頃よく見ている目当てのテーマにさっと直接行くこともできるし、また、任意の方向に球を回してどこかで止めると、これまで知らなかったテーマの記事と新鮮な出会いがあるかもしれない。

これがどのように実用化できるかは未知数だが、どこかにぜひ取り組んでほしいと願う。〈図表4-3-2〉

パーソナライズはどこまで進むか、オンデマンドのパラドックス

ニュースという情報の基本性格のひとつとして、個人が意思決定をし、行動を選択するための手段ということがあげられる。実際、明治3年に創刊された日本初の近代的新聞横浜毎日新聞は、貿易という行動をするための意思決定情報を提供する経済紙として出発した。ニュースが行動選択な

図表4-3-2　ニュースアース

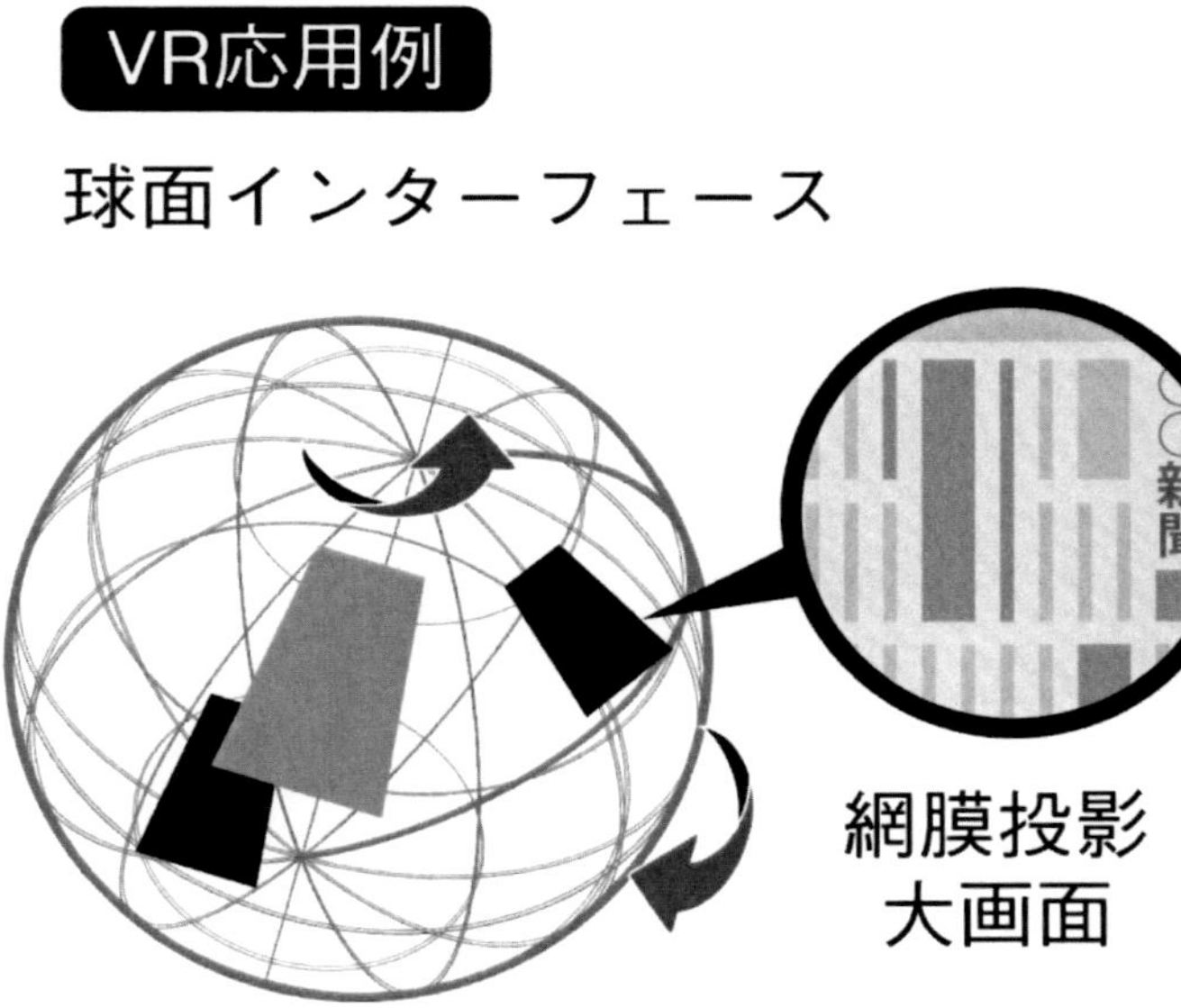

（出所）校條諭作成

いし意思決定のための情報だとしたら、必然的に個人対応にならざるをえないように思われる。しかし、発達してきたマスメディアは万人に向かって大皿料理を配って、あとは個人に勝手に好きな料理を選んでもらうというスタイルだった。

そこで、従来のマスメディアの限界を超えて、個人の要望や要求に従って、最適な内容、最適なタイミングで情報やニュースを送れることが理想であるという考え方が出てくる。たとえば、出かける先の天気予報、投資している、あるいは関心のある企業の株価情報、周辺で上映中の映画の情報などが例として考えられる。しかし、ここにあげた情報は、いずれも新聞に載っている種類の情報だが、今ではそれぞれ別途の専門のメディアとして新聞を飛び出している。しかも新聞ではできなかった個人に即した情報が得られ、情報を選んだ直後にはそのまま予約や購入という行動もできてしまう。

１９９０年代、ＭＩＴメディアラボが、個人個人の関心に合わせた新聞を編集して、ひとりひとりに異なる割り付けがされた新聞紙面を毎日ネットを通じて届けるというアイデアを発表したことがあった。この「自分新聞」の構想はそのままでは実現しなかった。ひとつには新聞の面文化がデジタル化とともに重視されなくなったこと、もうひとつは、人々にとって、自分の関心や欲求というのは自分でも明確には把握できていないからだ。漠然とわかっていても、明示的に表現できないということはよくある。ポケモンの登場以前に、ポケモンに相当するゲームをあらかじめ頭に描いて期待していた人はいないだろう。「これがポケモンというものです。やってみませんか?」と見せられて初めて関心が出てくるのである。人は自分があらかじめ意識していなかったものを提示されて、これこそ自分が欲しかったものだと反応できるものなのだ。自分新聞は、そういう自分の欲求の〝発見〟がなく、表面的な要求に従った狭い範囲の話題しか載らなくなって、次第に飽き足らなくなってしまう。オンデマンドのパラドックスである。

もちろん、新聞の電子版にある「マイニュース」のように、一定のキーワードを登録しておくと関連の記事を取り出しておいてくれるようなオンデマンドサービスは有用であるが、ニュースメディアは、「オンデマンドなんて言わないでまず提示してみてよ」というのが基本ではないだろうか。そういう意味で、前に述べた「プレイリスト」の発想はありうると思う。思い浮かぶのは、北海道砂川市の「いわた書店」がやっている「1万円選書」である。店主の岩田徹さんが「カルテ」と呼ぶアンケート用紙には、読書歴だけでなく、「人生で嬉しかったこと、苦しかったこと」「何歳の時の自分が好きか?」「これだけはしないと決めていることは?」「あなたにとって幸せとは?」などの質問が並んでいる。それを見て、その人に合うと思われる本を選んでいくのだ。これはまさにプレイリストだ。2007年に始めて10年以上になるが、今も人気で、順番を待っている人が多数いるという。

意識の階層―意見、態度、価値観

すでに述べたように、人は自分の欲求を必ずしも明示的に表現できない。しかし、個人個人を観察して、この人はこれに関心を持つのではないか、あるいは欲しがるに違いないと推定して提示するやり方は進んできている。たとえば、有名なアマゾンの例は、比較的素朴なやり方である。つまり、あなたが買ったAという本を買ったほかの人たちを見ると、Bという本を買った人が多い、という論法でBという本を薦めている。この場合、アマゾンにとって、顧客の属性や内面の意識情報などは入手する必要がない。しかし、今後は、AIを使って、個人のソーシャルメディア上での発言などを分析して、関心を持たれそうな商品やサービスを提案するようなことが現実化していくだろう。同様に、ニュースメディアにおいても、その人が関心を持ちそうなニュース記事を見出して薦めることが可能だろうか。たとえば、特定の個人を取り上げた記事やインタビューをよく読んでいる人がいたとして、それを分析すると、誰でもいいわけではなくて、新しいことに挑戦した人のことを好んで読んでいる、ということがわかるかもしれない。

このような分析はテキストマイニングと言い、以前から存在するが、大量のデータを対象に、AIを活用して今後いっそう活用されていくだろう。その際、有力な分析対象となるのは、個人が発した意見や発言である。個人の意識の水準をとらえるのに、「意見」「態度」「価値観」という区分の仕方がある。「意見」は、もっともうつろいやすい表面的な意識であり、その背景にある、論理的一貫性がある意識が「態度」である。これらの意識の基礎をなすのが、生き方の志向を示す「価値観」である（見田宗介『価値意識の理論』弘文堂、1966年刊、および同氏の助言を得て1977年に行った野村総合研究所の研究から）。その人の意見を集めて要因分析すれば、チャレンジ精神が好きだというような態度を抽出することが可能である。

学習ノートの編集支援サービスを

筆者が欲しいと思っているのは、一種のアウトプット支援サービスである。日頃、これはと思ったニュース記事やローカルの資料を適宜エバーノートに保存（インプット）しているが、それをもとに自分のノート（マイノート）を作りたい。エバーノートでもある程度マイノート的な整理ができるが、もっと柔軟な機能が欲しい。さまざまなところから文章や図表などを部分的にコピーできて、それをKJ法のように面的に並べたり、アウトライナーのように水準を分けて並べたりすることがスムーズにできるようなソフトがいい。その際、元の記事の一部分だけを引っ張ってきても、出所がわからなくならないよう、自動的に紐付けされているというのも必須である。

スクラップブックというのは、もともと新聞記事を切り抜いて台紙に貼っていくものである。この場合は、元の記事のスタイルにとらわれず、コピーする範囲を任意に選んで、それを情報のユニットとして引っ張ってきて、台紙ならぬデジタルノートに好きなように割り付けていく発想である。しかも、そのユニットを配置する場所や順序の組み替え・編集も容易にでき、自分で書き込むオリジナルの文と合わせた文脈、ストーリーを形成していけるという「超スクラップブック」である。これは、元の情報から必要なところを抽出して、再編・編集するプレイリストであり、一種の学習ノートでもある。

4節　地方紙、地域紙はどうなる？

新聞の部数が大きく減っているということを2章で書いたが、特に部数を落としているのは、いわゆる全国紙であって、地方紙はまだしぶとくがんばっている。地元密着の記事や広告が載っていることも大きいのだろう。実際、スポーツや文化的な行事がかなりきめ細かく取り上げられている。訃報も地方紙では欠かせない役割を果たしている。

今後も地方紙は相対的に根強く残ると予想されるが、部数低落は不可避と思われる。電子版への取り組みは広がっているが、打ち出し方はさまざまである。

たとえば、「河北新報」（本社仙台市）の電子版は、宅配紙版の購読者限定のサービスで、追加料金は不要である。電子版単独での購読はできない。

神戸新聞の場合、宅配紙版（朝夕刊セットの購読料4037円）をとっている人が電子版「神戸新聞ＮＥＸＴ」を読むには162円の追加が必要である。一方、電子版単独の購読もできて、その料金は3780円である。

「秋田魁新報」の「さきがけ電子版」は、記事1日1本までは無料、10本なら540円、30本なら972円である。宅配読者は購読料3035円にプラス324円で利用できる（以上、税別月額）。

この3紙を比べると、宮城県出身の県外居住者は故郷の河北新報を読みたいと思っても、その電子版をとることができない。兵庫県出身の人は神戸新聞NEXTをとることができるが負担が大きい。秋田県出身者は、比較的気軽にさきがけ電子版を読める。地方紙にとって、県外に住む郷土愛を持つ人々は、国内はもちろん世界にも広がっており、本来有望な市場に違いない。今後の前向きな取り組みが期待される。

地方紙（県紙）より小さな規模の、特定の市町村の地域紙というものが、県によってはがんばっている。たとえば、新潟県の県紙は「新潟日報」だが、上越地域（上越市、妙高市、糸魚川市　合計人口約28万人）に向けて約2万部を発行している上越タイムスという新聞がある。上越タイムスでは「くびきのNPOサポートセンター」という中間組織に1999年から紙面を開放している。タブロイド判の新聞の中の、最初は毎週1回、1ページだったのが、途中から2ページ、そしていまは4ページ分をまるまるくびきのNPOサポートセンターが編集・制作している。上越タイムスは、編集権を及ぼさず、口を出さないという異例の位置づけを与えて運営を続けている。

NPOに紙面を開放することについては、当初、上越タイムスの現場からは、編集権の侵害だとして抵抗が強かった。そもそも、新聞とNPOでは立場がかなり異なる。新聞は、記者ないしジャーナリストと呼ばれる人が、さまざまなできごとを観察者として表現するのに対して、NPOでは、社会問題にコミットする当事者として主観的に表現することになる。しかし、ともに地域に根を下ろし、地域を良くしていこうという目標を持っている点では共通していることから、最終的には紙面開放が実現した。このテーマを詳しく解説している畑仲哲雄さんは、地域ジャーナリズムは、権力の監視という番犬ジャーナリズム（ウォッチドッグ）だけでは足りず、地域社会に立脚した「よき隣人（グッドネイバー）」の役割をめざすことに価値があるという趣旨のことを述べている（畑仲哲雄『地域ジャーナリズム　コミュニティとメディアを結びなおす』勁草書房、２０１４年刊）。

なお、上越タイムスは２０１６年から有料の「上越タイムス電子版」を発行し始め、域外でも購読できる。つまり、地域紙の上越タイムスを、上越への関心、愛着を持つ国内外の人が手軽に購読できるということである。

いずれにせよ、各地方紙にとっては、地元の読者をいかに維持していくかが最優先の課題である。地元密着が地方紙の強みであり、イベントなどを通じて、読者とリアルに対話していくことも実現しやすい。電子版の発行は、宅配では得られなかった、対面も含めた読者とのつながりを、一過性でなく継続的に作っていくインフラとして機能するだろう。

参考文献

千葉雅也『メイキング・オブ・勉強の哲学』文藝春秋、２０１８年刊
梅棹忠夫『知的生産の技術』岩波新書、１９６９年刊
齋藤孝『新聞力』ちくまプリマーブックス、２０１６年刊
齋藤孝『新聞で学力を伸ばす』朝日新書、２０１０年刊
外山滋比古『新聞大学』扶桑社、２０１６年刊
池上彰、佐藤優『僕らが毎日やっている最強の読み方』東洋経済、２０１６年刊
ジョン・サマービル『ニュースを見るとバカになる10の理由』林岳彦、立木勝訳、ＰＨＰ研究所、２００１年刊
加藤秀俊『社会学』中公新書、２０１８年刊
佐藤卓己『現代メディア史』岩波書店、１９９８年刊
佐藤卓己『現代メディア史新版』岩波書店、２０１８年刊
杉浦正『新聞事始め』毎日新聞社、１９７１年刊
岡本光三『日本新聞百年史』日本新聞研究連盟、１９６１年刊

小野秀雄『日本新聞発達史』大阪毎日新聞、1922年刊
春原昭彦『四訂版日本新聞通史』（新泉社、2003年刊）
羽島知之『新聞の歴史―写真・絵画集成 1〜3』日本図書センター、1997年刊
『太陽コレクション かわら版 新聞 江戸・明治三百事件3』（1978年、平凡社）
山本武利『近代日本の新聞読者層』法政大学出版局、1981年刊
山本武利『新聞記者の誕生』新曜社、1990年刊
前田愛『近代読者の成立』岩波同時代ライブラリー、1993年刊
松本三之介、山室信一校注『日本近代思想体系11 言論とメディア』岩波書店、1990年刊
興津要『仮名垣魯文 文明開化の戯作者』有隣新書、1993年刊
山室清『横浜から新聞を創った人々』神奈川新聞社、2000年刊
日本新聞博物館『企画展「明治のメディア師たち 錦絵新聞の世界」（図録）』2001年刊
山田俊治『大衆新聞がつくる明治の〈日本〉』NHKブックス、2002年刊
土屋礼子編著『近代日本メディア人物誌 創始者・経営者編』ミネルヴァ書房、2009年刊
土屋礼子・井川充雄編著『近代日本メディア人物誌 ジャーナリスト編』ミネルヴァ書房、2018年刊
鈴木隆敏『新聞人福澤諭吉に学ぶ』2009年、産経新聞出版刊

松岡正剛『知の編集工学』朝日新聞社、１９９６年刊
松岡正剛ほか『クラブとサロン　なぜひとびとは集うのか』ＮＴＴ出版、１９９１年刊
小林章夫『コーヒーハウス』講談社学術文庫、２０００年刊
芝田正夫『新聞の社会史　イギリスの初期新聞紙研究』晃洋書房、２０００年刊
『朝日新聞社史　明治編、大正・昭和戦前編、昭和戦後編、資料編』１９９０〜９５年社内版刊、市販版１９９５年刊）
『毎日の３世紀　上、下、別巻』毎日新聞社、２００２年刊
『読売新聞１２０年史』読売新聞社、１９９４年刊
『読売新聞１４０年史』読売新聞社、２０１５年刊
『週刊朝日百科日本の歴史１０１漫画と新聞・瓦版』朝日新聞社、１９８８年刊
『週刊朝日百科　日本の歴史１１７ジャーナリズムと大衆文化』朝日新聞社、１９８８年刊
『週刊20世紀97号 メディアの１００年』朝日新聞社、２０００年刊
『テレビ年表１９５０〜１９９３年』（『現代用語の基礎知識・１９９４年版別冊付録
藤竹暁編著『図説日本のメディア』ＮＨＫブックス、２０１２年刊
藤竹暁・竹下俊郎編著『図説日本のメディア新版』ＮＨＫブックス、２０１８年刊
桂敬一『現代の新聞』岩波新書、１９９０年刊

ニール・シーハン『輝ける嘘』菊谷匡祐訳、集英社、1992年刊（原著は1988年刊）
ボブ・ウッドワード、カール・バーンスタイン『大統領の陰謀』常盤新平訳、1974年立風書房刊（文春文庫新装版、2005年刊）
大森実監修『泥と炎のインドシナ 毎日新聞特派員団の現地報告』毎日新聞社、1965年刊
大森実『大森実選集3 石に書く 北ベトナム報告 第三の引金』講談社、1975年刊
朝日新聞社会部『ドキュメントリクルート報道』朝日新聞社、1989年刊
毎日新聞旧石器遺跡取材班『発掘捏造』毎日新聞社、2001年刊
鴻上尚史『不死身の特攻兵　軍神はなぜ上官に反抗したか』講談社現代新書、2017年刊
佐々木紀彦『5年後メディアは稼げるか』東洋経済新報社、2013年刊
坪田知己『2030年メディアのかたち』講談社、2009年刊
藤代裕之『ネットメディア覇権戦争　偽ニュースはなぜ生まれたか』光文社新書、2017年刊
藤代裕之『ソーシャルメディア論　つながりを再設計する』青弓社、2015年刊
濱野智史・佐々木博『日本的ソーシャルメディアの未来』技術評論社、2011年
遠藤薫編著『ソーシャルメディアと〈世論〉形成　間メディアが世界を揺るがす』東京電機大学出版局、2016年刊
校條諭編著『メディアの先導者たち』NECクリエイティブ、1995年刊

松林薫『「ポスト真実」時代のネットニュースの読み方』晶文社、2017年3月刊
畑仲哲雄『地域ジャーナリズム　コミュニティとメディアを結びなおす』勁草書房、2014年刊
ケヴィン・ケリー『〈インターネット〉の次に来るもの』服部桂訳、NHK出版、2016年刊
服部桂『マクルーハンはメッセージ』イースト・プレス、2018年刊
佐藤尚之『ファンベース　支持され、愛され、長く売れ続けるために』ちくま新書、2018年刊
早稲田大学メディア文化研究所編『「ニュース」は生き残るか』一藝社、2018年刊

あとがき

女優の菊池桃子さんは、新聞のにおいを嗅ぐとお父さんのことを思い出すそうである。テレビの「サワコの朝」（TBS系）の中でそう語っていた。インクの発達のせいか、最近の新聞はかつてほどにおわないのだが、私も新聞のインクの香りには郷愁を誘われる。子供の頃、郵便受けに新聞を取りに行くと、真新しい新聞のインクの香りがプーンと伝わってきた。

日本初の日刊新聞横浜毎日新聞の創刊号に「毎夕摺(すり)立て(たて)翌朝売出し」とある。毎夕というのが具体的に何時頃かわからないが、新聞は翌朝までインクの香りが残っていただろうか。新聞の歴史について私がこれまでに読んだ文献の中では、インクのにおいに関する記述には出会わなかった。活字や紙についてなら、横浜毎日は鉛活字による活版印刷で洋紙に印刷されたというような記述があるのだが、何時頃に刷り上がって、そこにはインクのにおいがただよっていたのかどうかというような、現場の光景が具体的に浮かぶ記録は残念ながら見たことがない。

新聞に特に関心を持つようになったのは高校時代である。高校は、朝日新聞の牙城、東京都杉並区にあった。ホームルームの時間、級友が「昨日の朝日新聞に・・・」と、しきりに朝日を引き合いに出す。ところが、我が家は毎日新聞だった。そんなに朝日はすごいのかと、図書館で朝日と毎日や読売を比較すると、さほど大きな違いはない。それどころか、当時はベトナム戦争報道で、むしろ毎日の方が紙面は活況を呈していた。海外特派員というと語学が得意な記者が現地の新聞を翻訳して打電するといったイメージが強かったところに、社会部出身の大森実が外信部長となって体当たり取材の方法を持ち込み、特派員の文化をがらりと変えたのである。大森が中央公論に連載していた「国際事件記者」を毎号ワクワクして読んだ。大森は、１９６４年11月、ベトナムに5名の特派員団を派遣して「泥と炎のインドシナ」の連載を始めた。自身も単身ハノイに一番乗りした。毎日新聞が東京本社で開いた特派員団の「記者報告会」に私は参加した。思えば、ベトナム戦争そのものへの関心というよりも、新聞記者と新聞というメディアへの強い関心に突き動かされていたのだった。

新しいメディアが登場した当座は、旧来のメディアは無くなるなどと言われるものである。ラジオが登場したときに新聞は脅威を感じ、テレビの登場では、新聞はいよいよ衰退すると言われた。しかし、実際には、放送メディアと新聞は共存し、新聞はますます発展した。インターネット登場後の今般、今度こそ新聞は危ういと言われている。確かに「新聞社」は危ういかもしれない。しかし、メディアの歴史を見ると、旧メディアと新メディアは相互に影響しあって、新しい生態系を作っていくものである。新聞もただ消えていくのではなく、新しいメディアとのせめぎ合いを経て、新たなメディア生態系の中で形を変えて組み込まれていくのだろうと思われる。本文では、継承されていくことを期待する資産として、新聞の「面の文化」と、取材・記事製作のノウハウに注目した。

新聞記者にあこがれを抱きつつも、夜討ち朝駆けは体力的に無理と判断して新聞社は受けずに、縁あって野村総合研究所に入った。ところが、1年目から午前様や徹夜続きで、何のことはない新聞記者になっていても勤まったに違いないと思ったものである。それはともかく、高校時代からの新聞への興味関心を、メディアというくくりで、もう少しきちんとした対象として見ていく方法と関連知識を身につける機会が得られた。加えて、電電公社の民営化という、通信やメディアのあり方にかかわる大きな変化を、内部に近い場所で目撃できた。さらに、新設のぴあ総合研究所に身を移してからは、ぴあという、情報メディアとチケッティングシステムの2本柱で動く事業の全体を目の当たりにして過ごした。

そして出会ったのがインターネット。これは研究対象としてでなく、自ら事業を起こすチャンスだとひらめいた。NTTと共同でコミュニティサービスを開発、提供した。今で言うSNSのハシリである。またプロバイダーの委託でオンラインマガジンを発行したりした。

私がメディアを見る目は、以上のような独自の経験を通じて形成されてきたものであるという多少の自負を持っている。

ところで、原稿の段階では、1章の「ニュースメディアの活用　学びの再編のために」は、最後の章のつもりだった。ところが、担当編集者の錦戸陽子さんが、最初に持ってきたらどうかというコメントをくれた。おもしろい内容だし、読む人に、読み進む前に当事者意識を持ってもらえるのではないかという指摘だった。予想外のコメントになるほどと膝を打って従うことにした。編集者がついている幸せを感じた瞬間である。さらに、もうひとりの編集者、石塚康世さんは実にきめ細かく原稿をチェックしてくれて、ひとりよがりの書き方をしている箇所が何か所も危うく救われた。

思えば、インターネットが導いた総表現社会は、誰でも直接発信できるということから、中抜き論の一種として編集者不要論をもたらした。しかし、昨今は編集の重要性が再認識され、編集者が〝復権〟しつつある。すさまじい情報過剰の環境下、今後、まとめサイトのようなアマチュア編集者の裾野がさらに広がりつつも、ますます良質な編集とそれを担う編集者が貴重な存在となるだろう。

ところで、「もういちど7歳の目で世界を」のキャッチフレーズで全国に広がりつつある熱中小学校というのがある。これまでに開校した12校のうち7校で講義の機会を得たことが、本書の執筆の助けになっている。必ずしもメディアに詳しくない人々を相手に語る経験をしたことが、何をどう伝えるかということについて重要なてがかりをもらったからである。

妻にも感謝しなくてはいけないのは、ウェブやテレビでおもしろそうなものや、気になる新しい情報を見つけては教えてくれたことである。ときにそれがおおいに役に立った。

ニュースメディアの世界はまだこれから大きく動くに違いない。新聞社の再編も近いかもしれない。しかし、世論の分断の時代にあって、ジャーナリズムを担うニュースメディアの役割は大きいはずである。新聞というニューメディアを新事業として興した、明治の初期の起業家のように、使命感を持って、情熱を原動力に、新しいメディアの時代を切り開いていってもらいたいと切に願いつつ筆を置くこととする。

2018年末
校條 諭